威廉氏後人的好孕課

從備孕到順產，地表最懂你的婦產科名醫李毅評的14堂課

Dr. Williams

新光醫院婦產科主治醫師 李毅評 著

suncolor 三采文化

作者序
被一句話改變的人生

從我穿上白袍的那一天算起，十多個年頭過去了。我一直很慶幸，我堅持了，一條我自己選擇的路。雖然這條路，確實是非常的辛苦。

很多人問我，李醫師：「你一個男生，選什麼婦產科啊？」；「這個年代都沒人要生小孩了，走婦產科會不會失業啊？」；「現在不是ＯＯ科或者ＸＸ科比較好嗎？」

確實的，婦產科在我選科的那幾年，真的非常非常冷門，是一個招生常常都招不滿的夕陽產業。很多人會誤以為，我是不是成績很爛，所以只好選擇婦產科。事實上，我從建中數理資優班畢業以來、大學聯考全建中第二名畢業、應屆考取台大醫學系、台大醫科書卷獎、台大醫科六年跳級畢業、我以台大醫科前幾名的畢業成績，並以第一名之姿，申請進入台大婦產部學習。很多人不能理解我。然而，對我來說，成為一個婦產科醫師，是我一生唯一的志願。除了高中時期，曾短暫夢想去當牛郎之外，就沒有第二個選項了。

我從很小的時候，就反覆地聽過我老媽講她產檢的故事。當時，我老媽已經生了兩個兒子，經過了七八年，不小心又懷孕了。當時，我老媽去找了她前幾胎的接生醫師，超級名醫李鎡堯教授。當年，本來我老媽是不打算再生的，所以她去找李醫師本來是要終止妊娠的。後來，李教授摸了一摸我老媽的肚子，指著肚子對我老媽說：「有一個小流氓住在裡面，沒那麼容易請走。」那個年代產檢也沒有超音波，當時週數也很小，我老媽聽完，雖然半信半疑，但也就這樣被忽悠地繼續產檢了下去。

將近四十年過去了，已經取得婦產科專科醫師執照、周產期高危險妊娠專科醫師執照、人工生殖專科醫師執照的我，到今天還是想不明白，李教授當年到底是怎麼摸摸肚子，就能知道肚子裡面是男是女的？抑或是，他真的純粹只是隨口說說的。但是，就這樣一句無心的話，卻真真實實的救了我的一條小命。

遺憾的是，當我從台大醫科畢業後，正式進入台大婦產部受訓的時候，李教授已經不在了。我真的很想當面跟李鎡堯教授說：您當年，手指肚子的那個小流氓，今天，真的如您所說的，長成了一個大流氓；也跟您一樣，成為了一個婦產科醫生。

也許，你我隨口的一句話，會完完全全的改變一個人的一生。這也是為什麼，我選擇了花很多很多的時間，用民眾看得懂的語言，寫出一篇又一篇的婦產科醫學文章。因為我相信，也許我今天的某一段文字，每一句話，或許，也能讓某一個，我素昧平生的一個孩子，順順利利的投胎，平平安安地來到這個世界上。

威廉氏後人 李毅評醫師

二〇二〇年九月十三日

目錄

Part 1 為何懷孕這麼難？七堂備孕必修課

Part 3 我懷孕了！九個產檢必考題

Part.1

為何懷孕這麼難？七堂備孕必修課

從前從前，在我還是濾泡的時候，
忽然被一道雷打到，讓我衝破濾泡，
在輸卵管中奔走，尋找投胎的機會
──精卵結合的那一天。

第一課

當卵子被雷打到之後——月經週期想說的事

今天這堂課希望能讓所有人都了解女人體內的荷爾蒙週期變化。在準備懷孕之前，第一步，請先好好了解自己的身體。

我發現原來很多人還是搞不懂自己的身體每個月發生了什麼事，當然也有很多資深的夥伴都已經有清楚的概念了，也歸功於許多前輩撰寫的好書、如《女性私身體》、《親愛的荷小姐》等等。今天讓我們化繁為簡，反璞歸真，回到十幾年前坐在建中紅樓教室裡上高中生物學的那天……。

從月經週期認識月經

一般來說，我們會這樣算月經週期。月經來潮的第一天算第一天（Day 1 = D1），絕大部分正常的月經週期是規律的，介於二十一～三十五天，而月經又以排卵日前後分為濾泡期（follicular phase）以及黃體期（luteal phase）。濾泡期的天數比較不固定，七～二十一天都有；但黃體期一般來說都是固定十四天，用數學公式來解釋的話就是月經週期＝濾泡期（七～二十一天）＋黃體期（十四天）＝二十一～三十五天。所以絕大部分有排卵的月經週期會落在二十一～三十五天之間。

一張圖讀懂月經週期

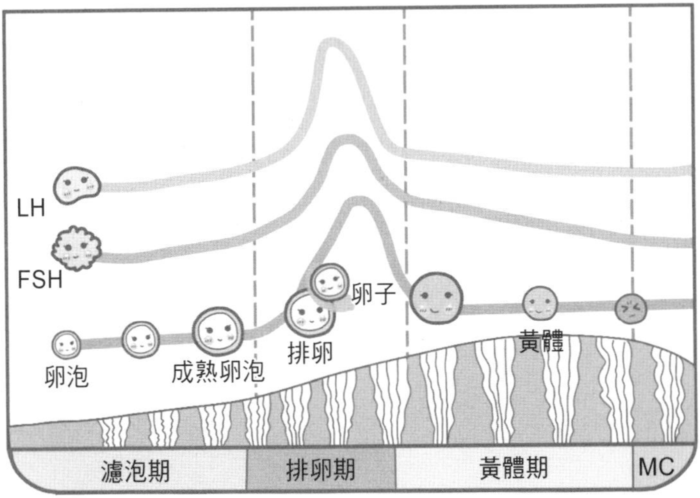

完整的月經週期包括濾泡期、排卵期、黃體期。隨著 LH（黃體成長激素）跟 FSH（促濾泡成熟激素）的上升刺激排卵。

月經怎麼來？

接著，我會用以下這個故事來說說月經怎麼來，故事一開始，請各位和我一起化身為住在卵巢的一顆小濾泡，更能理解身體經歷了什麼。

躲在卵巢內的小小的一個我，從月經第一天開始就受到來自腦下垂體的FSH刺激（follicle-stimulating hormone，促濾泡成熟激素）。FSH會不斷鞭策我長大，我被FSH刺激而逐漸成長、茁壯①，進入濾泡長大的「濾泡期」，等到有一天成長到二十～二十四毫米左右，忽然被天上一道雷「LH驟升」（LH surge）狠狠打在身上②，打得我靈肉分離，靈魂出竅，剩下的身體如行屍走肉、日漸泛黃。

靈魂出竅的我就是被排出的「卵子」，它隨著輸卵管奔走，尋找投胎的機會。另外，我在成長期就很認真，除了長大之外，也一直認真寫功課，寫出「雌激素」③（Estrogen）。這些寫好的功課都被拿去填平、墊高一個叫做「內膜」的山坡地④，但我不後悔！因為，那也是我未來投胎要去的樂土！

沒懷孕！正常凋謝的黃體小姐

被雷打到之後，剩下的軀殼部分，進入了人生另一個階段，可能因為人老珠黃吧，這時候的我被叫做「黃體」。我雖然已經失了魂，但一樣地努力工作。畢竟長大了，工作的甚至比之前更認真，除了繼續寫功課，還得賺錢。賺到的錢叫做「黃體素」，也就是黃體產生的激素。「黃體素」一樣被拿去「內膜」山坡地，只是這次目的不是用來墊高，而是讓它成熟、穩定發展。因為變成「黃體」的我工作太認真，每天辛勤工作、汗流浹背，所以體溫也漸漸升高。⑤

每個小孩的成長速度不太一樣，有的同學七天就長大成人了，有的同學二十一天才長大。不過，自從被雷打到之後，所有人都變成行屍走肉。或許大人的世界就是如此，每個人的壽命也都只剩下十四天了。⑥

十四天以後，辛勤工作、努力寫功課跟賺錢的我終於力竭而亡。山坡地不再有人管理，隨著血紅大雨一來就土石崩塌，月經便來潮了。

我的靈魂也隨著這次的崩塌消失無蹤。所幸卵巢裡除了我以外，還有千千萬萬個我。下一個週期又再一次準備開始，繼續著這個辛苦的輪迴。

懷孕了！恭喜平行世界的小卵小姐

至於平行世界受精的那顆卵子呢？那位小卵小姐運氣比我好，靈魂出竅的她在那條叫做輸卵管的路上遇到人生摯愛——精蟲「威廉氏先生」。他們相擁而泣，一起到之前預訂的山坡地定居。

原本預計十四天之後就會衰竭的她，因為有了有錢人威廉氏的照顧，不斷資助她hCG（human Chorionic gonadotropin，人類絨毛膜性腺激素），讓她能繼續兌換成錢，穩定這片山坡地⑦，直到這個山坡地能夠自給自足以前，都靠著威廉氏的hCG資助維持下去，甚至能維持好幾個月。而隨著威廉氏出資變多，多到跟黃河一樣的流，終於被隔壁國家的人撿到，出現了大家每天都在期待的那兩條線⑧，懷孕啦！

催經？安胎？
婦產科生殖醫學搞什麼！

讀完前面這個故事，你是否清楚知道身體經歷了什麼呢？簡而言之，在濾泡期，你的濾泡被FSH刺激，等成長到足夠大小，便被LH驟升刺激排卵。排完卵的濾泡叫黃體。黃體分泌黃體素，黃體素穩定內膜；而濾泡跟黃體都會分泌雌激素，雌激素刺激內膜生長。婦產科生殖醫學的根本就在於模擬這件事，也就是模擬你身體裡經歷的一切。

若用婦產科的角度來將這個原理用在備孕上，便是：用大量FSH刺激濾泡生長（排卵針）→用LH刺激排卵

婦產科怎麼善用月經週期來備孕？

Step 1 用大量 FSH 刺激濾泡生長（排卵針）。

↓

Step 2 用 LH 刺激排卵（破卵針）。

↓

Step 3 用黃體素、雌激素穩定內膜，直到 hCG 穩定出現。

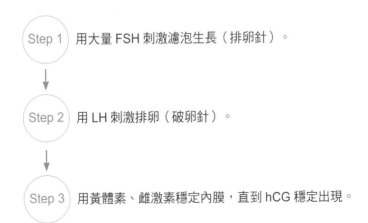

（破卵針）→用黃體素和雌激素穩定內膜，直到驗到hCG出現為止。若沒有hCG，十四天後黃體就會衰竭，內膜偵測到黃體素的下降，月經就會到來。

若要催經，也可以用人工的方式欺騙內膜，故意給高劑量的黃體素，再戛然而止，內膜就會傻傻地以為黃體衰竭了，因而月經來潮，這就是黃體素催經的原理。若不斷持續補充黃體素，就能讓內膜一直穩定不崩解，這就是黃體素安胎的原理。

若不斷由外在提供雌激素和黃體素，腦下垂體就會以為已經有人在耕種了而不釋放FSH跟LH，也因此不刺激任何濾泡成長，所以也不可能懷孕，這就是事前避孕藥的原理。

婦產科還能怎麼用月經週期跟荷爾蒙？

催經　故意給高劑量黃體素再停止提供。
→ 身體以為黃體衰竭，月經報到。

安胎　不斷補充黃體素，使內膜穩定不崩解。

事前避孕藥　不斷提供黃體素、雌激素。
→身體不再釋放 FSH、LH，濾泡不會成長（不會懷孕）。

月經週期跟這四個主要的荷爾蒙（FSH、LH、雌激素、黃體素）就是婦產科的根本。婦產科醫生每天在做的就是去模擬你的身體，或者說去欺騙你的身體。當然也能用外力干擾身體，比如用望遠鏡去看那個山坡地怎麼樣了（超音波），或者直接派人去現場勘查有無雜草（子宮鏡），或用道路監測系統看看那條叫做輸卵管的道路有沒有暢通（輸卵管攝影），或是直接派怪手去把山坡地掘平（即子宮擴刮術，D&C，Dilatation and Curettage）。

若要備孕，第一步請先了解身體的生理機制，了解體內的荷爾蒙週期變化吧！

---

① 如果有一天卵巢內的小濾泡全部用盡，再高的FSH也沒辦法刺激出任何的卵子時，就是更年期了→停經婦女體內FSH非常高。
② LH＝Luteinizing hormone＝黃體成長激素，其實應該翻譯成「黃體化」激素，更貼切。
③ 大家常在吃的益斯得就是雌激素，運用了雌激素墊內膜的原理。
④ 大家常在使用的小白球就是黃體素，運用了黃體素穩定內膜的原理。
⑤ 黃體期又叫做「高溫期」，也就是基礎體溫法的原理。
⑥ 黃體期一般來說都是十四天、濾泡期比較不一定。
⑦ 懷孕後黃體不會衰竭，會一直被hCG供應，以維持內膜。
⑧ 懷孕後hCG的量會高到分泌到尿液中，才會被驗孕棒驗到。

第二課

提升懷孕率！五種方法估算排卵日

承接上一堂課，當你清楚了解月經的來龍去脈，就能有效提升懷孕率，接著就來快速學會精確掌握排卵日吧！

現在來簡單說明一下排卵日怎麼抓。目前這個地球上，有許多判斷「有無排卵」以及抓「排卵日」的方法。但是，我在此要先非常鄭重的聲明，以下所有抓排卵日的方法，僅提供給嘗試懷孕的族群，完全不建議以此「避孕」！

所謂的安全期推算法其實一點都不安全！失敗率高達百分之二十三！所以，絕對不要用計算排卵日的方法來避孕喔！

算準排卵期，抓住受孕好時機

先跟大家說明目前的統計資料，針對非不孕症的一般婦女，若是完全自由隨心所欲性生活的話，三個月內懷孕率是百分之五十；六個月內懷孕率是百分之七十五；一年內的懷孕率是百分之九十。成功率其實是相當高。

然而，如果你能夠正確抓到排卵日的話，對於一般非不孕症的婦女，第一個月懷孕率是百分之七十六；連續嘗試七個月的話，懷孕率接近於百分之百！①

換句話說，假使你已經使用了正確的排卵日

算準排卵日，懷孕成功率激增！

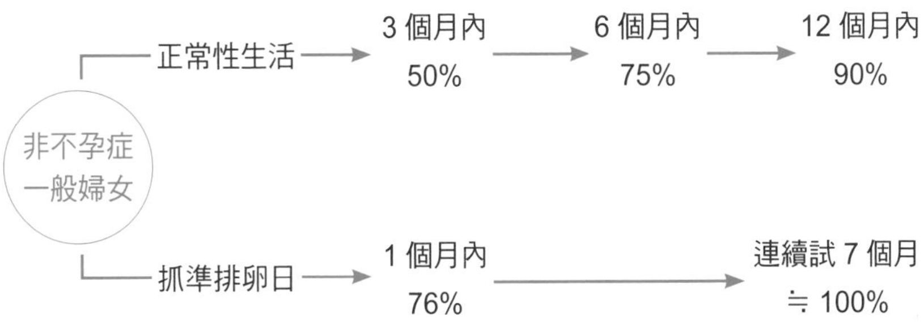

估計方法，還是沒辦法在七個月內懷孕的人，無論多麼難以接受，先生多麼不願意配合，仍舊建議夫妻雙方應該考慮一起去接受不孕症的相關檢查。

這時間最容易懷孕！認識黃金排卵日

至於到底什麼時間點是最容易受孕的時間呢？一般來說，從排卵日的前五天到排卵後二十四小時，叫做可能受孕的時間點。原因是因為卵子從排卵後的壽命只有大約二十四小時，而精蟲在體內的存活時間大約是三至五天左右。

因此，根據統計，在受孕期的各個時間點的懷孕機率分別是：排卵前二至五天：百分之四、排卵前兩天內：百分之二十五至百分之二十八；排卵後二十四小時

從排卵日抓受孕機率

（↓ 排卵日）

時間	前 2 ～ 5 天	前 2 天內	排卵 24 小時內	排卵 24 小時後
受孕機率	4%	25 ～ 28%	8 ～ 10%	≒ 0%

內：百分之八至百分之十；排卵二十四小時後：零。

另外，由於男生的精蟲品質，無論是精子檢查正常或者不正常的先生，都是天天射精或者隔一天射精反而會出現比較理想的精蟲品質，因此建議各位在黃金受孕期間，評估先生的體力，天天做或做一休一都是可以的。

估算排卵日五大方法，哪一種最適合？

看到這裡，相信你已經深刻了解到預估排卵日的重要性了。對於一般的夫妻來

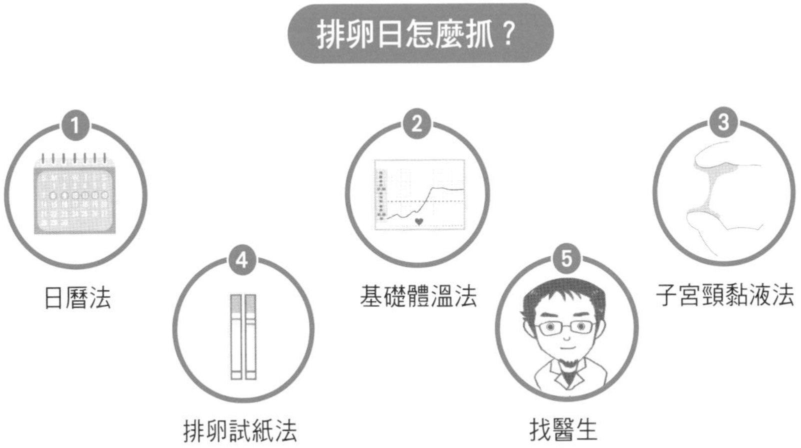

學會算排卵日就能大大提升懷孕率！若如此嘗試了七個月仍無果，建議還是要找醫生、做檢查。

說，能正確的掌握排卵期便可大幅度提升自然懷孕的機會，接下來我會一一說明各種方便又常見的排卵日估計方法。

方法1 日曆法，又叫月經週期計算法

這是一個最簡單的方法。方法就是記錄下你每一次的月經！建議每一位準備懷孕的婦女都應該按時記錄你每一次的月經週期，最好把有行房的日子也都記錄下來。記得喔，只要記下跟先生的就好了，跟隔壁老王的千萬不要！

月經哪一天來、哪一天走，都可以用手機 APP 或手機日曆做紀錄。如果你每個月都規則，且週期落在二十一至三十五天之間，恭喜你，只要把你下一次要來的日子往前推兩週就是排卵日了。就是這麼簡單！

值得一提的是，這樣計算的前提是，大部分人的高溫期是十四天左右，除非是黃體期不足的婦女。由於排卵日之後，會正式進入黃體期，而黃體期維持十四天。所以只要把下次預計來月經的日子，往前推算兩週，即為排卵日。

因此，我建議所有「有月經」的女生，都應該記錄你的每一次月經週期，才能夠更了解自己身體喔！

方法2 基礎體溫法

這是一個很好用的方法，但它也是一個很煩人的方法。因為要每天量、每天量、煩都煩死。另外，這個方法有一個致命的缺點，就是當你的基礎體溫升高時，已經排完卵了。

所以基礎體溫該怎麼正確使用呢？記得這個觀念：基礎體溫是用來預估下個月的！意思就是說，如果你可以好好量測一兩個月的基礎體溫，你就能夠比較了解自己的身體，了解什麼時候是濾泡期、什麼時候是黃體期，你的濾泡期是哪幾天、你的黃體期是哪幾天。

如果你的月經規則，應該可以很容易透過幾個月的基礎體溫表，來抓到排卵日。這是一個非常好的入門方法。至於量法也很簡單，就是要買一支專門用來量基礎體溫的體溫計，然後每天早上睡醒第一件事，在還沒有喝水、刷牙、上廁所、親先生之前，第一件事就是測量基礎體溫。

量測基礎體溫，最好是能在有充足睡眠的狀況下才準確，通常是睡六至八小時後，接著把每日測量的體溫，輸入手機 APP 裡或者紙本的傳統基礎體溫表（應該沒人用了吧？）然後觀察有上升零點三至零點五度的那天。

當體溫正式升高起來，通常超過三十六點七度，這個時候呢，就是「已經」排完卵了。所以接下來開始，同房就是做開心的了，已經錯過排卵期囉！所以，基礎體溫法只適合月經規則的人，用來預測下一個週期的排卵期用的，因為我們永遠不知道，今天的體溫是否是高溫期前的最低點。就像我們永遠無法預先知道，股市什麼時候是最低點一樣。

方法3 子宮頸黏液法

我們知道，女生在排卵期前幾天，子宮頸為了讓精蟲可以更順利地進入體內，子宮頸的黏液會變成清澈透明、稀薄似蛋清樣。

其實我並不推薦大家選擇這個方法，因為我發現大家都搞不清楚啊！人類的陰道分泌物千百種，常常很難準確區分究竟是陰道炎還是排卵期。很難有人可以清楚的判斷：蛋清出現了、蛋清沒出現、蛋清在有出現跟沒出現之間……。

其實，對一般民眾來說，真的很難準確地從子宮頸黏液，來判別是否為排卵日，誤差實在太大了。說真的，有時它看起來和口水或男生的精液也很相似，真的不容易分辨。

所以，我建議應該先好好的量幾個月基礎體溫，並且把月經週期跟排卵日都推算清楚了，子宮頸黏液可以作為佐證，但別當作唯一的參考依據。如果真的怎麼找都找不到，或者怎麼對照都發現對不起來的時候，相信我，你該去看醫生了。

方法4 排卵試紙法

排卵試紙的原理是偵測LH的快速上升。就如同前一章節所說，LH驟升之後會發生排卵。通常LH的驟升發生在排卵的二十四至三十六小時前。

再搭配前面所提到的，最後容易受孕的時間點是排卵日的前兩天內。所以，排卵試紙測到的強陽，也就是LH的驟升，即排卵日的前二十四至三十六小時，便是一個非常好的行房時機點。

好啦，其實天天都是行房的好時機，開心的做、做開心的，不要那麼多壓力，或許懷孕率反而更高喔！

至於排卵試紙怎麼判讀，通常是需要每日連續的監測，才能夠準確地抓到LH驟升的那個點。更重要的一點是，在下列許多情況下，排卵試紙會變得非常不準確，例如：多囊性卵巢、卵巢功能不良、使用任何會影響 LH 的藥物或任何 LH 的類似物等等。

因此，我會建議你把日曆法、基礎體溫、跟排卵試紙一起使用，互相搭配，彼此印證。不要單獨用排卵試紙，尤其對於月經很不規則的人，比如說多囊性卵巢的患者，這些人每天怎麼驗可能都是弱陽，這樣永無止境地驗下去是沒有用的，因為其實你從頭到尾都沒排卵啊！反而只會一直深陷於排卵試紙海的轟炸而已。若你有以上的情形，趕快去看醫生吧，拜託你。

強陽
弱陽
陰性

← MAX
← MAX

← MAX
← MAX

← MAX
← MAX

← MAX
← MAX

← 最強陽 →

強陽期間

← MAX
← MAX

← MAX
← MAX

← MAX
← MAX

排卵期間

強陽轉弱陽 →

← MAX
← MAX

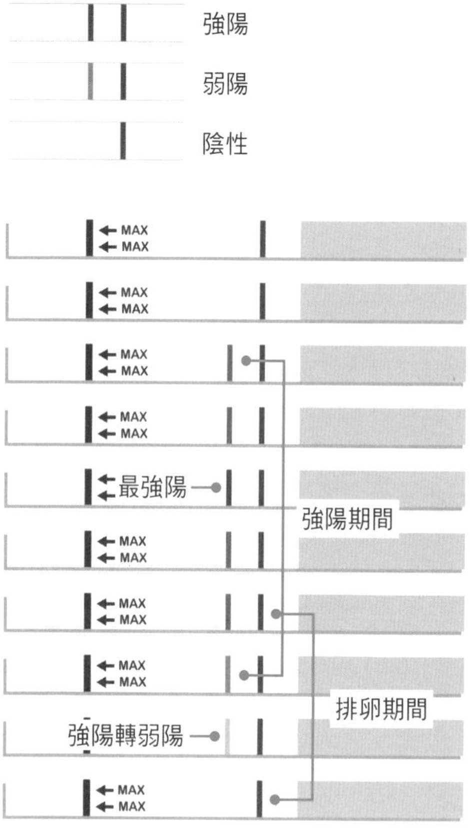

當排卵試紙判讀到強陽時，便是一個非常好的行房時機點。

方法5 找醫生

找醫生是一個最好的方法。但建議你，在找醫生前，應該先記錄好自己的月經週期跟基礎體溫，再讓醫生用超音波或抽血等等方式，準確地來判斷排卵的情形。這部分只要配合你的醫師就可以了，既簡單又有效。只要使用超音波，當眼睛看到卵泡的成長，然後隔幾天看見它消失，就可以很清楚的知道排卵囉！

如果你已經很擅長抓排卵日了，但仍然遲遲沒有好消息，那就表示：你的問題並不是抓排卵就可以解決的。如果你已經這樣嘗試了半年以上，請不要再繼續執著於「這是排卵日嗎？」或者「我這樣抓是對的嗎？」這已無濟於事。

因為啊，若是輸卵管不通或者精子活動力低下，無論怎麼樣精確掌握排卵日都是徒勞無功的。若是你有以上情形，請不要再執著於排卵日，你需要的是更進一步尋求不孕症醫師的協助。

① 參考資料：Timing intercourse to achieve pregnancy：current evidence. Stanford JB, Obstet Gynecol. 2002;100（6）：1333.

第三課

世上最難搞的窗口小姐！淺談著床這件小事

看完前面兩課，相信你已經慢慢了解自己的月經週期、排卵日、最佳受孕期分別是怎麼回事，接下來這堂課要進入著床階段囉！

人類的子宮內膜，並不是隨時都歡迎胚胎來著床的，只有特定的時間內，胚胎才能夠著床，這段短暫的時間叫做「著床窗口」（implantation window）。可以簡單理解成，雖然機場跑道一直都在，但只有在塔臺同意的時候，飛機才能夠降落。這個飛機就是從輸卵管滾下來的胚胎，而飛機跑道就是子宮內膜，塔臺同意的降落時間就是著床窗口。

威廉氏後人求愛記：了解著床窗口期

接下來我會用以下這個故事，來說明著床是怎麼一回事。這是我有一天去南陽街郵局，看到一個顧客和郵局窗口小姐，為了過號問題吵架想到的。那麼，故事要開始囉。

威廉氏後人是一個單身肥宅，最近每天最重要的工作，就是把剛做好的早餐送到暗戀的賣雨傘的櫃檯小姐那邊。可能是因為胖又不討喜吧，所以每次去那個賣雨傘的地方，櫃檯小姐總是直接關起窗口，從來不願意接受他的早餐。

直到有一天，威廉氏後人終於忍不住開口問那個機車的櫃檯小姐：「欸，小姐，你為什麼每次看到我就馬上把窗口關起來？」

櫃檯小姐說：「我想，是緣分還沒到吧。」

他又問：「那緣分究竟什麼時候才會到呢？」

「你聽見打雷了嗎？打過雷的六至十天之間，就是我打開窗口的時候。」櫃檯小姐說。

威廉氏後人心想：有沒有搞錯啊？連續這麼多晴天，我去哪裡找到打雷的日子啊？這是考驗我，還是根本變相拒絕我啊？

後來，聰明的威廉氏後人漸漸發現，原來櫃檯小姐在意的並不是打雷，而是打雷後隨之而來累積的雨水。這位櫃檯小姐非常特別，剛下雨的前幾天還不足以打動她，一定要等到足足下了五天的大雨之後，才有短短的五天限量時間會打開窗口，也只有那五天，才有機會成功送達他滿滿的心意。

威廉氏後人想：連續這麼多個晴天，我也等不到連續下雨的日子啊。某一天夜裡，聰明的他利用強力的照明，創造了一瞬間的假閃電。接下來的每天，都從上方往窗口潑水，就像下雨一樣。終於，皇天不負苦心人。

單純的窗口小姐，終於被威廉氏後人逮到打開窗口的那一天，「小姐，這是我專程為你準備的早餐，請你收下。」

「啊，先生，你的早餐過期多久了？……上面的保存期限已經超過了耶！」窗口小姐說。

「小姐你放心，雖然這是之前就做好的，但我一直保存在負一百九十六度的液態氮中，今天早上才剛解凍，就為了今天要準時拿給你！」

窗口小姐終於被威廉氏後人精心設計的橋段所感動，雖然是個肥宅，但他終於交到女朋友了，真是可喜可賀！可喜可賀！

胚胎能否著床？取決於LH激增後的幾天

上面這個肥宅追女可歌可泣的故事，就發生在你我還只有胚胎大小的時候。打雷指的是LH驟升，被雷打到之後的濾泡會發生排卵，而形成黃體。

黃體形成之後，會分泌黃體素，也就是故事中的「雨水」。子宮內膜只有短短的五天能夠接受胚胎，我們叫做「著床窗口」。這個著床窗口，就如同故事中所說的，需要連續五天的黃體素刺激，才會打開。

子宮內膜受到雌激素的滋養而增厚，但就只是增厚而已，不斷增厚的子宮內膜並不能接受胚胎著床。真正讓內膜打開著床窗口的是：黃體素。

子宮內膜對「從無到有」的黃體素變化，非常的敏感，從黃體素升高的那一天算起，第五天到第九天是內膜的著床期，也正好是ＬＨ驟升後的六到十天。只有這短短的幾天之間，胚胎才有著床的可能。

再說明一次，打雷之後逐漸累積的雨水，就如同ＬＨ驟升之後，逐漸升高的黃體素。故事中的威廉氏後人運用人工的方式，透過由外在給予的黃體素，就如同假裝往窗口潑水，讓子宮內膜以為真的發生了排卵，來達到欺騙內膜的效果，子宮內膜便呆呆地為我們打開了著床窗口。

也就是說，適合胚胎著床的時間，可以是破卵針那天（ＬＨ日）算起的第六到第十天，或者是投予黃體素的那天起算的第五到

著床窗口的開啟時機

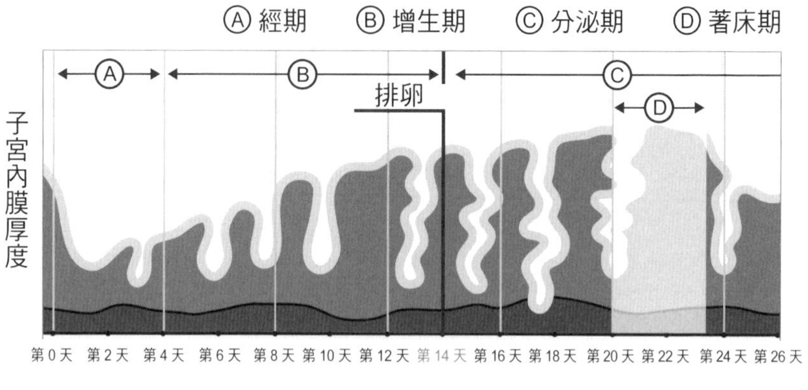

第九天。只有在這有限的五天內，內膜才有著床的可能。

所以，如果是進行解凍植入的療程，就必須像故事中一樣，精心準備一齣好戲，讓內膜在我們要的時間打開著床窗口，只有在這時，植入解凍好的胚胎才有可能順利著床。

兩個NG行為，小心胚胎無法順利著床

由於內膜的著床窗口需要受到精準的調控，如果在不正確的時間提早打開，此時並沒有能夠著床的胚胎的話，這個週期勢必會失敗。另外，著床窗口打開的同時，也是胚胎從輸卵管即將掉進子宮腔的時刻，是最容易受到外界干擾的時候。

有鑑於此，我們應該避免以下兩件，會干擾著床的不利因素：

1 擅自使用黃體素。

2 著床期行房。

自行吃黃體素增加著床機會？萬萬不可

請謹記「著床窗口就像緣分一樣，稍縱即逝」。我知道很多不孕症患者，會道聽塗說或似懂非懂地自行使用黃體素，很多患者認為沒懷孕是源自黃體素不足，因此自行補充大量的黃體素。但這是非常錯誤的觀念，也是非常錯誤的舉動。

如果你在就醫之前，曾經聽過誰誰誰的建議，自行開始吃、塞、打黃體素，這樣的行為只會讓著床窗口提早開啟，也意味著會提早關閉。在不正確的時間，提早給予黃體素，著床窗口會提早打開、提早關閉，反而影響了著床時間。

如果你在濾泡期，就開始使用黃體素，會抑制排卵，造成事前避孕藥的效果。如果你在排卵期前後，提早使用黃體素，反而會破壞正常的著床窗口，造成事後避孕藥的效果。

我完全了解黃體素不足的可怕和流產的風險，但這並不代表提早或過量的投予黃體素就最好，尤其是正在進行試管療程的人，你的內膜正處於嚴格監控的狀態，稍有不慎的黃體素變化，就會讓你寶貴的胚胎，像威廉氏後人追女生一樣碰壁而不被接受。

黃體素不是大家想的那樣完美：助孕、安胎卻都沒壞處。為了你寶貴的胚胎，請不要再擅自惡搞自己的內膜了。拜託大家，請遵照醫囑使用藥物！請勿擅自使用黃體素！

這時期行房，著床機率將大減

我們知道，胚胎並不是在排卵當天就著床，而是從輸卵管長途跋涉了五至七天，才抵達子宮腔內，也才能夠著床。

正確的著床時間為：排卵後的第五天到第九天。對於一個週期二十八天的人來說，著床期大約就是月經週期的第十九天到第二十三天。這段時間，就是黃體期正中間，也就是所謂的「黃體中期」。

在胚胎應該著床的這幾天，精子的進入不但無法遇到卵子，反而會因為精液中的一些成分引起子宮收縮，或者是因為精液、外界病菌的進入，而干擾著床。

關於這一點，美國生殖醫學會曾明確地表示：著床期前後的性行為會降低受孕率！研究發現，當校正了年齡、體重、月經週期等等不同因素之後，在著床期有兩次或更多次性行為的人，相比於在著床期完全沒有性行為的人，懷孕率降為原本的百分之五十九，著床率下降將近百分之四十左右！[1]

因此，對於正在進行試管療程的患者，大部分的試管醫師都會囑咐你，在植入後應避免性行為為佳。

---

① 參考資料：" Peri-implantation intercourse lowers fecundability." Fertil Steril. 2014 Jul;102（1）：178-82.

第四課

難道是做錯什麼才遲遲難孕？常見迷思與誤解一次破除

很多人對於為什麼沒能懷孕，始終缺乏全盤的了解，這堂課將一一釐清網路上或門診中常見的疑問。

「為什麼別人就這麼容易懷孕，為什麼我就這麼難？」

「先生死都不願意驗精蟲，精液分析真的一定要做嗎？」

「我知道輸卵管攝影很重要，但那個不是很可怕？我不敢。」

「我一直沒懷孕，是不是因為我同房完都沒有抬腳的關係？」

「不是許多藝人都四十五歲以上還能懷孕，那我現在三十九歲應該還好吧？」

我想各位心中一定還有很多類似的疑問吧？對於為什麼難懷孕這個問題，中醫有子宮寒冷的說法，民俗專家有嬰靈作祟的說法，婆家有婆家的說法，娘家有娘家的說法，什麼樣的說法我都聽過。

今天，我僅以西醫的角度，來跟各位做一個簡單的說明。希望看完這一篇的你，能夠了解：不容易懷孕不是嬰靈作祟，更不是少喝了幾杯黑豆水。如果你願意相信科學，世界衛生組織跟美國生殖醫學會，對於不孕症都有明確的準則。希望所有受不孕症所困擾的人們，能夠尋求正規的醫療途徑，千萬不要不願意就醫，更不要自己當自己的醫生喔！

三十五歲以上做人半年未成，需及早求醫

首先，不孕症的診斷定義為：

1 對於小於三十五歲的夫妻，未避孕下超過一年沒懷孕者。

2 對於超過三十五歲的高齡夫妻，未避孕下超過半年沒懷孕者。

沒錯，超過三十五歲就是高齡，請不要再視而不見，盡力迴避這個問題。這句話千真萬確。不能否認，確實也有一些超高齡仍然成功，但這主要還是靠試管嬰兒、卵子冷凍、甚至可能是靠捐卵借卵才有機會完成的。

當然這些成功的人們，絕對不會在電視上自己說：「我其實是借卵的啦！」畢竟可能除了自己和先生以外的婆家人或娘家人都不曉得。從科學的角度來說，這或許才是超過四十六歲還能懷孕的大部分情況。當然我不否認有自然懷孕的可能性，但那個機會真的太低太低了。

不易受孕，年齡是關鍵

不孕症的最常見原因之一，就是高齡。這個不用任何檢查，也沒有任何改善的方法。人死不能復生、人老不能回春。對於已經逝去的青春卵子，沒有任何方法可以挽回。唯一的方法，就是好好把握接下來出現的每一顆卵子，盡早接受不孕症相關的檢查與進一步的治療。

對於三十五歲以下的朋友，建議你可以仔細閱讀這本書，參考這本書提供的方法，自己練習抓排卵日，然後努力個半年一年看看再說。對於三十五歲以上、三十八歲以下的朋友，建議嘗試個半年，如果還沒成功，就該考慮到不孕症門診諮詢了。對於超過三十八歲、甚至超過四十歲的超高齡患者，基本上，從決定要懷孕的那一天起，就應該及早接受進一步的人工生殖諮詢才行。

不孕都是女生的問題？男人要負一半的責任

除了年齡以外，根據世界衛生組織統計了八千五百對不孕夫婦，得到以下結論：百分之三十七不孕症為女方的因素，百分之八為純男方因素，百分之三十五為男女雙方都有問題，剩下的百分之二十為不明原因。

「不明原因」表示夫妻初步的檢查都完全正常，也就是說，「檢查都正常」的不孕夫妻一點都不少見。有將近五分之一的不孕症是找不出原因的，所以不要再因為檢查全部正常還是沒懷孕而感到沮喪，也不要全台灣各地的醫療院所都看過一輪，想說還有沒有什麼檢查能夠做。一味的重複檢查，仍舊無法找出答案的人還是不在少數，這世界上有太多人跟你一樣了。如果你屬於這個族群，別再糾結於那些找不到的原因，把握青春的卵子，趕快接受治療才是比較正確的方法。

另外，這個報告也告訴我們一件重要的事，就是在這些不孕症夫婦中，百分之四十三的男生是有問題的。難以懷孕絕對不是女生的肚皮不爭氣這麼簡單，也絕對不是女方一個人需要努力而已。其實在將近一半的情況下，男生也是大有問題。

所以不要再抗拒接受精液檢查，這是一個簡單、無痛、便宜、快速、而且有效的檢查。我完全了解對於一個男生而言，接受精液分析，是一個有著非常巨大壓力的一件事。我本人也做過，並不是我有什麼不孕的問題，只是我年輕時，去捐精所必須完成的檢查項目而已。所幸，我在超過標準許多的情況下通過。

所以我了解那種壓力，尤其要是被人知道是男生精蟲數目少、活動力不足造成的，男性的雄風跟面子往往受到嚴重的打擊。但是，這真是很常見的狀況，奉勸各位先生們不能逃避，更不要自欺欺人。

女性不孕成因複雜，請接受完整評估

對於女生而言，不孕症的問題就更為複雜。一次成功的懷孕，男生只需要提供足夠數量、活動力的精蟲，並且能夠進入到女性體內就可以了，所以治療上相對非常簡單而容易成功。就算精子狀況慘不忍睹也不要緊，基本上，只要身上找得到活著、而且會動的精蟲，現代的醫學技術就有辦法解決男生的問題。

但女生就比較麻煩，除了要提供好的卵、暢通的輸卵管，還要有能夠著床的內膜、能夠懷孕的子宮等等，相對複雜的多。所以相對應的不孕症原因也非常多，大致上能簡單區分為：排卵問題、輸卵管問題、其他問題、多重問題大概各占四分之一。詳細的女性不孕原因，可參考下方圓餅圖。

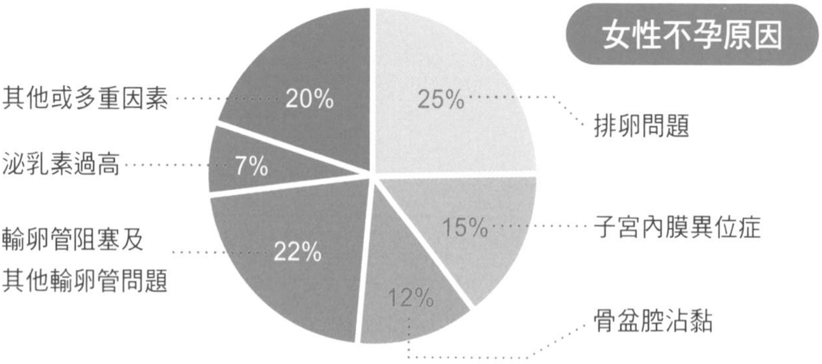

女性不孕的成因複雜，包括排卵問題、子宮內膜異位症、輸卵管阻塞等等，十分多樣。檢查項目自然也較男性來的多。

女性不孕檢查這麼多，怎麼選？認識五大基本檢查

對於女性不孕症的檢查，我提供以下幾個方向，希望各位可以按表操課，一項一項完成。以下提供幾個基本而必備的女性檢查項目：

1 **基本病史與身體診察**：如月經情形、身高體重、生活習慣等等。

2 **排卵的確認**：如基礎體溫表、排卵試紙、黃體素檢驗等等。

3 **卵巢剩餘功能的評估**：女性荷爾蒙（FSH／LH／雌激素）、基礎濾泡量、AMH（不受月經週期影響）。

4 **輸卵管的暢通與否**：輸卵管攝影，或腹腔鏡下直接灌注顯影劑檢查。

5 **子宮本體**、**子宮腔**、**子宮內膜的評估**：超音波。如有需要，可加做子宮鏡檢查。

6 沒了。

對，就這麼簡單。一個最基本、最基本、最基本的不孕症檢查必須包含：病史、身體診察、排卵確認、卵巢剩餘功能、輸卵管攝影、超音波、以及精液分析，

就這樣而已。其他林林總總的大約有超過一百項自費檢查項目，則並不是每個人都需要的。

備孕最重要的一件事，並不是買一大堆的保健食品，更不是加入一百個備孕社團，而是好好地，接受一次「正確而完整的評估」。然後才能對症下藥，這才是成功率最高的作法。

第五課

從「心」治療！壓力大，可能讓你成為不孕症高危險群

針對不孕，多數人都著重在診斷、治療，鮮少有人關注患者心中的痛苦，其實這也是面對不孕問題的一大要件！

有一次門診的對話，我一直無法忘懷，也給了我許多的啟發。故事是這樣的：一個四十多歲的不孕患者來到門診求診，過程中我根據教科書以及國際婦產科的建議提供諮詢。

我說：「對於你這樣四十多歲的高齡患者，建議考慮進行進階的治療方式，像

施打排卵針或者試管嬰兒等等的治療，是比較有效的。若選擇進行傳統口服排卵藥療程，可能緩不濟急，成功率並不理想。」

那位患者皺了皺眉頭，過了幾秒後說：「李醫師，你如果再說『像我這樣的年齡』，我就直接走人了。」

！！！我心頭一震。

「我當然知道我超高齡啊，這我自己知道，不用反覆被不同醫師提醒。」這位患者說。

在這一瞬間，我終於發現，婦產科醫學訓練的盲點和漏洞了。

治療不孕，心理因素和生理狀況一樣重要

書本、期刊論文、國際準則、治療指引、師長的教誨，通通都是教我們怎麼治病。對於什麼情況，應該安排什麼檢查、可以選用什麼治療、治療方法如何、效果怎樣、成功機率多少、風險多高……。

大部分的醫生所學的，都是這樣的內容。但是，卻很少有婦產科或不孕症的書籍，告訴我們患者心中真正的痛苦。悲傷、憤怒、失望、無助、後悔、憂鬱、孤獨、罪惡、不被諒解等等負面的情緒，往往隨著不孕的開始而生成、隨著不孕的治療而加劇，不斷、不斷的惡性循環下去。

這是當我們面對一位病人，常常專注於判斷抽血數值、超音波圖像、用藥反應的同時，忽略病人是一個人的本質。病人、病人，重點在於人，而不是病。

在大學時代的普通心理學課程中，我們就知道。如果一隻狗無論怎麼努力，牠都會遭到無情的電擊，這樣長久下來，牠就會陷入憂鬱的情境之中，這個叫做「習得的無助感」。在老鼠的實驗中也發現，如果給懷孕老鼠惱人的噪音、或其他生活環境壓力的刺激，流產率就會顯著上升，甚至，會有百分之十的母鼠出現攻殺親生幼鼠的情形。

動物尚且如此。何況於人呢？

高壓、壞心情，讓不孕狀況雪上加霜

二〇一四年，歐洲生殖醫學會期刊的研究團隊，進行了一個大規模的研究。透過患者口水中的壓力酵素分析，這些酵素在過去的研究中，已經被證實與心理壓力強烈相關，我們姑且稱呼它為「壓力指標」。

結果在五百多位不孕夫妻的研究中，發現壓力指標較高的那些人，相較於壓力指標較低的，整體懷孕率下降百分之二十九！

另外，根據美國國衛院的統計，在不孕症的婦女之中，焦慮狀態（Anxiety）的比例高達百分之七十五，憂鬱狀態（Depression）的比例高達百分之五十五。

若將一百多位不孕症患者給精神科醫師評估，百分之四十的患者被診斷出一種以上的情緒疾患或其他心理疾患。確診為焦慮症的為百分之二十三，輕鬱症為百分之十，重鬱症為百分之十七。

若過去有反覆流產、治療失敗等等次數越多者，情緒障礙與心理問題越嚴重。若是對於進行試管嬰兒療程的患者，這樣的情形則更為普遍。百分之五十四的患者被確診為輕鬱症，百分之十九的患者被確診為中至重度憂鬱症。超過一半以上的試管嬰兒患者表示心理的壓力和不適，遠遠超過身體承受打針、抽血的痛苦。

不孕女性的壓力源，心理負擔更超過治療費用

或許你會認為，那是因為這些族群經濟上有了極大的負擔，才造成心理的壓力。事實不然，在瑞典、德國等歐洲幾個國家，政府補助患者四～六次不等的試管療程，但針對這些國家接受試管嬰兒療程的不孕夫婦進行調查，一樣出現了高比例的情緒疾患狀態。

不孕症是一個深淵，絕大部分的不孕症治療都是以失敗收場。就算是成功率最高的試管嬰兒療程，三十五歲以前的成功率平均大約百分之三十二左右，超過四十歲成功率平均約為百分之五至百分之二十，絕大部分的療程都失敗了。除了幾十萬、幾百萬的經濟負擔，更多的是心理上沉重的負擔。

患者的心中，有的是對於過去墮胎的悔恨與罪惡感，有的是不斷失敗的自責感，有的是反覆成功懷孕又反覆流產的折磨，有的是面對丈夫或其他家人的責難與

強烈孤獨感以及習得的無助感。

假如你有這些情況，排解情緒可以這樣做

世界真的很不公平，先生只要提供十幾二十隻會動的精蟲，剩下的壓力就都落在太太身上。這些，或許比刺激排卵更困難的多。我並非要汙名化患者，或給患者貼上「精神疾患」的標籤，只是想跟各位說明「精神壓力」的重要性和嚴重性。

如果你在不孕症的治療中感到挫敗，
如果你在反覆的驗孕結果中感到痛苦，
如果你在跟丈夫、婆家、娘家人相處中處處閃躲、武裝，
如果你為了測量基礎體溫而從半夜中驚醒，
如果你為了不孕症的治療而暴肥或暴瘦，
如果你有無數不能被人看見的眼淚。
請好好的痛哭一次，好好的找一位信任的人訴苦，好好的想想準備懷孕的初衷

又是什麼。如果你還是無法調適，歡迎來找我諮詢看看，或許我未必能把你的不孕症治好，但會耐心的聽你說，盡我所能地和你一起想想辦法。

參考資料：

① Preconception stress increases the risk of infertility：results from a couple-based prospective cohort study--the LIFE study. Hum Reprod. 2014

② The Adverse Effects of Auditory Stress on Mouse Uterus Receptivity and Behavior. Sci Rep. 2017

第六課

我該進行人工生殖嗎？先搞懂六大重要觀念

儘管我已針對懷孕和不孕做了基礎解說，但需要踏進不孕症門診的你，想必心中仍有不安，現在就來認識箇中的重要觀念吧！

讀完前面幾篇，相信現在的你，對於月經週期、排卵日的估算、著床期的探討、不孕症的原因，以及不孕患者的心理壓力，都有了一定程度的認識。我相信，很多讀者或備孕新手讀到了這裡，心中一定還是充滿著許許多多的疑問，就讓我一次說給你聽。在你準備要踏進不孕症門診之前，麻煩詳細閱讀本篇，希望對於你如果未來需要接觸人工協助生殖技術的時候，能擁有更多正確的觀念。

觀念一：每一次的懷孕，都需經歷重重關卡

一次成功的自然懷孕，需要型態正常、活動力正常、數量足夠的精蟲，於排卵期前後，游過適合游動的子宮頸黏液，進到女方的子宮腔及輸卵管之中，並於輸卵管內，團團包圍住、簇擁著一個正常的卵子；數以萬計衝鋒陷陣的精蟲，最終有一隻突破卵子外殼，使得卵子正常受精。

精卵結合之後的受精卵，順著輸卵管，經過幾天的滾動，最終進入了子宮腔中，並掉落於能夠著床的內膜之上。著床後，再靠著排完卵後的黃體、持續的穩定內膜，以避免著床後又出現不穩定的內膜剝落，導致流產。

上述的每個環節，都有可能出錯。上述的任何一個環節出錯，都會造成不孕。每一個環節的問題，都是一種疾病的狀態，需要我們共同去克服。所以，懷孕從來不是那麼容易的，並不如同許多人戲稱，腳一跨過去就可以了。任何一次懷孕，都

需要經過重重的關卡才行。

觀念二：懷孕本非易事，無法一蹴而成

常常會聽到有人問說：「欸，威廉醫生，到底為什麼懷孕那麼難？明明我們夫妻檢查都說沒問題。」

我承認，懷孕真的不容易。受孕過程中，任何一個環節都不能出錯，才能有一次成功的懷孕。即使在夫妻雙方生殖功能都完全正常情況下，每次月經週期的自然受孕率也僅僅是百分之十左右而已。

這也是為什麼，不孕症會定義為：三十四歲以下，不避孕的情況下，超過一年未懷孕，才屬於不孕症。一對完全正常的年輕夫妻，每個月的受孕率大約為百分之十，也就是說，每個月沒懷孕的機率是百分之九十。連續六個月不懷孕的機率為零點九的六次方，也就是百分之五十三；連續十二個月不懷孕的機率是零點九的十二次方，也就是百分之二十八。所以，一直沒能懷孕，其實就算單純只以機率來計

算，也並不罕見。

所以我常說，對抗不孕症是一種長期抗戰。往往不是你不遠千里去看某個名醫，就能一蹴可幾的。反而是得尋找一位對你較方便、受你信賴，而且醫病關係良好的醫師，做長期穩定的合作才是更好的解決方法。

觀念三：透過人工生殖，易提升胎兒異常機率？

「是不是人工或試管的小孩，比較容易有異常？」這是另一個常被問到的問題。人工協助生殖技術，是否會造成胎兒異常或者提升自發性流產的比例？我們必須了解，在完全正常的人類懷孕中，就有約百分之四的嬰兒會發生先天異常；在完全正常的人類懷孕中，有百分之十五至百分之二十的自然流產率；超過四十歲高齡者的流產率更高達百分之四十。

扣除自願終止妊娠者，從懷孕的一開始，扣除百分之三的子宮外孕，還有百分之十五的人會在懷孕早期發生自然流產，其中包括自發性的出血流產、早期心跳停止、或空包彈妊娠（萎縮卵）等等。自然流產發生率與年紀密切相關，三十五歲：百分之二十；四十歲：百分之四十；四十五歲：百分之八十。

人工協助生殖的目的，在於協助你突破上述懷孕過程中出錯的環節。人工協助生殖技術本身，並不會增加胎兒異常的比例，但仍無法克服大自然，本來就存在的一定比例胎兒異常或流產，當然也無法保障你出生的胎兒沒有任何異常。

觀念四：從濾泡到胚胎，一個逐漸遞減的過程

我們知道，在卵巢刺激的結果中，有百分之三十足夠大的濾泡，可能是空的或不良的。對於打破卵針當日，十四毫米以上的卵泡，大約百分之七十可取到卵子。這是完全正常的。

全世界第一流的技術水準（包括台灣），也是如此。正常的卵子和型態活力正常的精蟲在體外培養的受精率，約為百分之七十。精蟲顯微注射對於正常的精蟲來說，是無法再提升其受精率的。

也就是說，你接受排卵刺激時，超音波下看到的濾泡數目，最終能順利變成受精卵的，大概就是要乘以百分之七十（取卵率打折）再乘以百分之七十（受精率打折），約等於百分之四十九。

也就是說，若你接受排卵刺激時，在破卵針的當天超音波看到有十顆大顆的濾泡，最終能得到五顆受精卵，已經是達到世界高標的水平了。關於「為什麼我明明有不少卵，結果最後只剩幾顆胚胎」，並不是你的身體或先生的精蟲出了任何問題，也不是你就診的醫療院所出了任何問題，而是本來就是如此。

觀念五：接受排卵藥或排卵針，容易生出多胞胎？

在自然的懷孕中，約有百分之零點一至百分之一的雙胞胎；而接受人工協助生殖技術的患者，確實有著更高比例的多胞胎產生。根據統計，若單純服用口服排卵藥，雙胞胎比例是百分之五；若使用排卵針，雙胞胎比例約為百分之二十；若是試管嬰兒，雙胞胎比例約為百分之三十五。

或許你可能會覺得，雙胞胎不是正好嗎？一次解決不是很好？事實上，一個成功的人工協助生殖，除了拚命的提升懷孕率之外，也應該要有效控制多胞胎的比例。這又是為什麼呢？

百分之六十的雙胞胎和百分之九十三的三胞胎會發生早產，雙胞胎的平均妊娠週數為三十六週，三胞胎為三十二週。一個簡單的計算方法是，肚子裡每多一胎，就會少三至四週的出生平均週數，意思是：若是單胞胎，出生時間大約是三十九週；雙胞胎則需減去三至四週，大約三十六週；三胞胎則再減去三至四週，大約三十二週。

以此類推，早產兒的許多風險，我想不在話下。所以不要再為難你的醫師說：我要放四個胚胎，為什麼只給我放兩個？

觀念六：助孕飲食有效？沒有一種食物能明確地增加懷孕率

我一直希望，帶給大家正確的觀念，而非過多錯誤的期待；錯誤的期待，只會引來更多錯誤的自我傷害。

很多人每天都在期待，到底吃什麼東西才容易懷孕？或者，很常問醫生說：「是不是吃了什麼東西，我才會得到巧克力囊腫或子宮肌瘤？」

相信我，真的不是。食物，就只是食物，除非吃到非常大量，不然跟藥物的劑量、濃度還是有著天壤之別。所謂的健康食品，也就僅是一種食品，療效沒有被證實，所以不叫做藥品。與其永無止境地跌進一百種號稱助孕的產品之中，不如化繁為簡，捨末逐本。

如果你想要懷孕，應該好好了解月經週期和排卵日的計算，應該接受完整的不孕症檢查，應該盡量了解人工協助生殖的基本概念，搞懂不孕症的原因分析。最後，當你自己嘗試計算幾個月的排卵日都沒成功時，當你接受完所有檢查發現需要協助的時候，如果時間還來得及，就先從吃排卵藥開始，循序漸進。希望在走到試管以前，你就能從不孕症治療中畢業了。

第七課

如何最大化「自然受孕率」？五個你應掌握的祕訣

有生育計劃的你一定希望能儘快懷孕，若你正在想要怎麼達成？這篇將提供幾個經醫學實證的具體做法。

各位好，辛苦你讀到這裡了，備孕基礎課程即將到此告一段落。從了解你的月經週期、學會計算排卵日開始，逐漸搞懂了不孕症的原因、心理壓力對懷孕的影響，並且更進一步的了解著床窗口和人工生殖的基本觀念等等。到這最後一堂課，即將做一個完整的總結。

再次強調，這本書提供的課程內容，有兩個核心理念：

1 提供給尚未進入「進階療程」、仍處於嘗試自然懷孕階段的你，若嘗試超過一年，或高齡者（大於三十五歲）超過半年，還是應該儘快就醫才是。

2 我所有文章都是根據最新的「實證醫學證據」，其它各種無實證依據的做法並不在這本書籍中。當然，其他沒有西醫證據不等於沒效，但這本書僅提供有科學證據證明有效的做法。

女性年齡一旦超過三十五歲，受孕力便節節下降

根據統計，超過百分之八十的人，會在嘗試懷孕的前六個月內就順利懷孕。在所有影響因素中，女性年齡的影響是最大的。

二字頭的婦女自然受孕率是超過三十五歲者的兩倍之多，自從「超過三十五歲」起，懷孕率就顯著地快速下降。而這個世界確實是那麼的不公平，男生在超過五十歲以前，生殖能力都沒有顯著改變。

因此，美國生殖醫學會，早已將不孕症的定義更改為：

1 **少於三十五歲**：嘗試自然懷孕超過「一年」未成功者。

2 **三十五歲以上**：嘗試自然懷孕超過「半年」未成功者。

3 **四十歲以上**：有些專家認為，四十歲（含）以上者從決定要懷孕那天起，就該考慮就醫了。

性行為頻率有關係？天天做最理想

這是一個很有趣的問題，到底是幾天做一次，還是一天做幾次，才是最理想的備孕方式呢？這樣的問題，目前有大量的研究在進行了解，大部分的研究是從男生的精蟲品質著手。禁慾「超過五天」者，男生的精蟲品質會顯著下降；禁慾「兩天以內」者，男生精蟲品質會處於最理想的狀態。

一項針對超過一萬個男生的精蟲評估中發現，「天天」或者「隔天」射精的狀況下，精蟲品質能維持在最佳的狀況。反而是禁慾時間越長，超過五天甚至超過十天者，精蟲品質反而顯著地下降。

嗯，很遺憾，目前尚沒有女生的研究。所以女生幾天一次，或一天幾次都是OK的，不會因為做太多而影響懷孕率。

根據統計，一對完全正常的年輕男女，在正確的受孕期內同房，一個月的受孕率分別為：受孕期內天天做：百分之三十七；受孕期內隔天做：百分之三十三；受孕期內一週一次：百分之十五。

因此，在正確的受孕期內，天天做或者隔天做都是合理的（懷孕率百分之三十三至百分之三十七），依照你先生的體力負荷為主。當然最理想的狀況是跟先生天天同房，但如果先生體力有困難的話，建議也可以做一休一就好。

哪一天最容易受孕？教你算出好孕日

最佳的受孕時期，就是排卵日前五天到排卵日後一天，一共七天。如果你是月經不規則的人，在悲傷自己排卵期不容易抓的同時，我建議你：那就天天都當排卵期吧，恭喜你！可以從月經乾淨開始天天做或做一休一，直到下次月經來喔！（我有一位患者就是這樣懷孕的，我其實是滿佩服他先生。）

當然啦，受孕機會最最高的日子落在排卵日前三天內，比如說預計星期天排卵，最佳受孕機會落在週四到週六，其中以排卵日的兩天前為最高。

根據提供順利受孕夫妻的受孕日迴歸分析發現，百分之十的人在排卵日當天受孕，百分之二十的人在排卵日前一天受孕，百分之三十的人在排卵日前兩天受孕，百分之二十的人在排卵日前三天受孕，百分之十五的人在排卵日前四天受孕。

所以，很多人其實都在不對的時間做，不是拚命抓排卵試紙的強陽隔天，就是量體溫高溫的那天，這些都是錯的。為什麼呢？因為當你抓到強陽的隔天，已經是排卵日了，已錯過最佳的受孕時間（排卵日的前兩天）。如果是抓高溫期的更慘，抓到高溫期的那天其實已經是排完卵後一天了，那天才同房的懷孕率已非常低了。

最理想的做法應該是「估計大概的排卵日」，在預計排卵日那天的「前一週」，或者是預計排卵日的「前三天」，開始天天做或者做一休一，才是較正確的方法。

至於排卵日怎麼抓，相信有認真看前面幾個章節的人，應該都學會了。當然，還有很多觀察身體變化來抓排卵日的方法。但以下這些方法我都不太建議，因為不太準確，例如：子宮頸黏液、性慾、排卵痛、情緒變化等等。這些方法都曾被文獻舉例過可用來估計排卵期，但準確率都不高，而且太過主觀，有時太見仁見智。其中，我唯一推薦的是「性慾」。反正今天想做，管它是不是排卵期，做就對了。沒懷孕也沒關係，做開心的也很好囉！

姿勢有助受孕？女性高潮或許更有效

有許多的研究都試著去揣摩各式各樣的性行為方式，原理都是想儘可能提升精蟲進入體內的機會。不過，這些方法都沒辦法被證實。不同性行為的姿勢，無法改變懷孕率。

事實上，研究發現，性行為結束之後，十五分鐘內精蟲就已經出現在輸卵管了。另一個運用螢光染色顆粒的研究中指出：精蟲在射精當下的兩分鐘內就進入了對方體內，因此，性行為完之後平躺、抬腳、甚至倒立，意義都不大。因為殘留在陰道內的精液流不流出來，都不會影響受孕了。

有趣的是，女生在性高潮的時候會分泌催產素，這會刺激子宮跟輸卵管的收縮和運動，而把更多的精蟲運送到輸卵管。因此，盡量讓女性達到性高潮，或許是一個提升懷孕機會的方法。

最後，美國生殖醫學會也再次確認了潤滑劑的重要性，其中，油性潤滑劑、橄欖油，以及人類的口水，都會負面地影響精子的游動。

修正飲食習慣與生活方式，好孕跟著來

研究發現，太胖跟太瘦的女生都比較不容易懷孕，而且太瘦比太胖更不好。相對於正常體重的女生，那些很瘦的女生（BMI值小於十九）的懷孕率下降四倍，很胖的女生（BMI值大於三十五）的懷孕率僅下降兩倍。

以台灣女生平均身高一百六十公分為例，BMI值小於十九，代表體重小於四十八公斤的瘦小女生，反而是最不容易懷孕的；另外，BMI值大於三十五，

等同體重超過九十公斤的棉花糖女孩，懷孕能力也是會下降的。

在飲食上，素食、低油飲食、維生素豐富的飲食、抗氧化劑豐富的飲食、或草藥的服用，都沒有辦法被證實能夠提高懷孕率。因此，飲食上依循一般的均衡飲食原則就可以了。

另外，抽菸、喝酒、喝咖啡都被證實會對受孕有不良影響，抽菸（包括二手菸），會讓懷孕率下降百分之六十。喝酒（每天超過二十克的酒精，等同一瓶罐裝的台啤或一杯一百五十毫升紅酒），會讓懷孕率下降百分之六十；咖啡因（超過兩百毫克，約一杯半的咖啡）會讓懷孕率下降百分之四十五。因此，還是應該盡量避免香菸、酒精和咖啡因的使用。

而其他一些生活習慣的調整上，泡湯（桑拿）不會影響懷孕率，不會下降，但也不會上升。避免一些環境

生活習慣影響受孕率！？

抽菸	喝酒	咖啡因
懷孕率↓ 60%	懷孕率↓ 60%	懷孕率↓ 45%
（含二手菸）	（每天喝超過 1 瓶罐裝台啤或 1 杯 150ml 紅酒）	（每天喝超過 200mg 咖啡因）

汙染物也是重要的，如汞、鉛、殺蟲劑，這些重金屬都是被證實對生育能力有害，應儘可能避免。

以上五點，就是美國生殖醫學會二〇一七年對「如何提高自然受孕率」的結論。如果你已經完全了解，也嘗試了好幾個月都沒有成功，我想你還是應該儘快接受不孕症的完整評估，然後對症下藥，才是幫助懷孕最有效的做法。

參考資料：FertilSteril. 2017 Jan;107（1）：52-58, Optimizing natural fertility：a committee opinion

課後補充

延長生育力，冷凍卵子一勞永逸！？關於凍卵你要知道的真相

越來越多人考慮凍卵留住生機，但卵子冷凍後品質有無差異？幾歲都可做嗎？如果你也有這些疑問，別錯過這一篇！

首先要先給各位一個觀念：女生在出生時身上帶著十五萬至五十萬個卵泡，到了青春期大約還有三萬多個卵泡，到了五十歲（停經前）大約還剩一千顆卵泡左右。也就是說，從青春期到停經的三十五個年頭裡，一共只排出了約四百二十顆卵（三十五乘以十二），其他的兩萬九千顆卵都在不知不覺中萎縮掉了，相當於每個

月真真切切消耗了七十顆卵左右。

打排卵針，不會讓更年期提早出現

這是因為每次月經只會排一顆卵，但每個週期的基礎濾泡量其實不只這些。單一顆成熟的濾泡會壓抑其他顆小濾泡，然後那個最大的濾泡會搶走所有的資源自己排卵，而那些小濾泡搶不到資源就全都萎縮掉了，直到下一個週期再開始召集（recruitment）新的濾泡們。

所以單一週期大量刺激卵泡成長，並不是在消耗未來的卵巢庫存，因為卵子本來就在不斷的快速消退中。有點像我國的聯考制度或者日本的電影「大逃殺」，每次只有第一名的人存活下來，其他全部都被

女性從出生到停經前擁有的卵泡數

女性在青春期至停經前實際排出約 420 顆卵，也就是說，其餘約有 29000 顆不知不覺中萎縮掉。

犧牲掉了，下一個月又有一批新的考生被召集進來。

使用排卵針等等的排卵刺激，是讓那群不是第一名、原本要被犧牲掉的濾泡們，都能得到足夠的營養而順利長大，並不會快速消耗未來的卵巢存量。到目前為止，尚沒有任何證據顯示卵巢刺激或者凍卵，會讓受術者更年期提早到來喔！

另一個大家會擔心的問題，是經常使用排卵針等藥物，是否會增加卵巢癌的風險？在一個收集了十八萬個做排卵刺激的超大型研究中，沒有發現任何證據會增加卵巢腫瘤或癌症的風險。因此排卵刺激是安全的，這一點可以放心。

預留好卵，原則上越早越好

冷凍之後的卵子跟原本的新鮮卵子，是否有所不同呢？依照目前的玻璃化冷凍技術，卵子冷凍的存活率為百分之九十至九十七，受精率為百分之七十一至七十九，與同年齡新鮮取出的卵子相比，受精率跟活產率都差不多。

另一方面，卵子雖然在停經前還有將近一千顆，但是隨著女性年紀的上升，卵子的可受孕率已經是節節退敗。原因除了卵子的外殼（透明層）越來越不易穿透之外，也有越來越高比例的卵子帶有不正常染色體，這些數據可以從高齡產婦的唐氏症發生率中看出端倪。

如果單就卵子的染色體正常比例而言，二十九歲時卵子染色體正常的比例是百分之七十九，三十九歲時卵子染色體正常的比例是百分之四十七點一，四十四歲時卵子染色體正常的比例是百分之十一點八，超過四十五歲時的卵子，染色體不正常的比例已經將近百分之百。

也就是說，卵子冷凍的施行，理論上越早越好。但應該要早到什麼時候呢？過早取卵最主要的壞處就是「你可能白花錢、多挨針了」！比如說二十五歲取卵，也許二十六歲就不小心奉子成婚了，那其實根本也不用凍卵。

何時凍卵佳？最好別超過三十五歲

什麼時間點決定要凍卵相較之下是最合理的呢？卵子冷凍的關鍵就是年齡跟取

卵的數目。目前的統計結果顯示，每增加一歲，活產率大約下降百分之七，而每多取到一顆卵，活產率大約上升百分之八。

對於確切的卵子冷凍的建議年齡，在新英格蘭醫學期刊刊登的文章結論是「early-to-mid-30s」，也就是三十出頭歲左右或者三十三至三十五歲之間。為什麼呢？因為女性卵子品質的下降，並不是隨著年紀直線性的穩定下降，在三十歲以前都相差不太多（緩慢地下降），可是一旦過了三十五歲，就會開始急速下降。

至於年齡對於懷孕率的影響究竟有多大呢？統計指出三十至三十六歲的人，每凍一顆卵的活產率是百分之八點二，意思是平均要十二點一顆卵才會有一個活產；

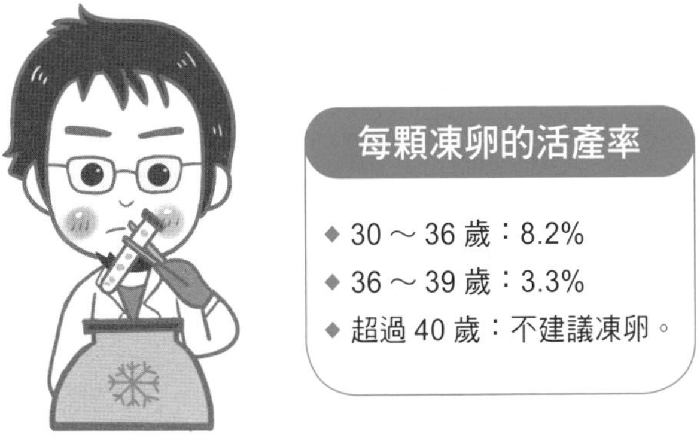
每顆凍卵的活產率
◆ 30 ～ 36 歲：8.2%
◆ 36 ～ 39 歲：3.3%
◆ 超過 40 歲：不建議凍卵。

不同年齡層女性的凍卵活產率不同，原則上不建議 40 歲以上女性凍卵。坊間其他保卵、養卵法都比不上凍卵的效果與成功率。

三十六至三十九歲的人，每凍一顆卵的活產率是百分之三點三，即平均要二十九點六顆卵會有一個活產。

當然你一定會問說，那我現在比如說三十歲先不要凍卵？我之後再試管不是一樣？錢不是也差不多？

喔，完全不一樣！逐漸老化的子宮、甚至停經的子宮，目前的藥物都能有效使它恢復功能，但卵子沒辦法。以下提供一個國際試管嬰兒水平的數據給大家參考，台灣也差不多：以各年齡層試管嬰兒的活產率（每一個新鮮週期、非捐卵而論）來說，小於三十五歲，機率為百分之四十一；三十五至三十七歲，機率為百分之三十二；三十八至四十歲，機率為百分之二十二；四十一至四十二歲，機率為百分之十二；四十三至四十四歲，機率為百分之五。

各年齡層試管嬰兒活產率

年齡（歲）	活產率
< 35	41%
35 ～ 37	32%
38 ～ 40	22%
41 ～ 42	12%
43 ～ 44	5%

滿三十歲之後，請審慎考慮凍卵吧

總結來說，如果你是個小於三十歲的女性，那就繼續自由的戀愛吧！如果你是個三十至三十五歲的女性，可能真的要審慎考慮凍卵，在你的年紀凍一次卵大約可以取到十來顆左右，也就是一次凍卵平均可以生一胎；若你是三十六至三十八歲的女性，我會建議你趕快來凍卵，這個年紀凍一次卵大約可以取到接近十顆，平均凍三次可以取到三十顆，這樣大約可以生一胎；至於超過三十八歲的話，呃……趕快結婚做試管吧，這個年紀起的卵巢是每個月都在快速衰退；對於超過四十六歲的人來說，我很遺憾，但你可能真的要審慎考慮接受捐卵一途了，畢竟你身上染色體正常的卵已經少之又少了。

我知道很多朋友都是超高齡，我無意要讓你更難受。但是為了另外一些相對年輕的朋友，我還是決定把這些真實數據一一呈現，希望在這個資訊越來越透明的年代，每個人可以清楚了解各個處置的優點和缺點，然後自己去做評估與決定。

至於你是否要凍卵，其實我並不是那麼在意。我只是不忍心一再看到四字頭的病患們，費盡各式各樣的努力，做過五次、十次的試管，仍舊沒有辦法讓自己的時間倒轉十年。坊間所有其他保卵、養卵的方法，都遠遠比不上卵子冷凍帶來的效果與成功率。

這篇也提醒一些三字頭後半的朋友，可能的話還是要盡早考慮更積極的治療方法，光靠算排卵日、驗排卵試紙真的已經緩不濟急了。

參考資料：Cryopreservation of Oocytes. Schattman GL. N Engl J Med. 2015 Oct 29;373(18):1755-60.

下課十分鐘・威廉醫生說故事1

連續流產三次的高齡產婦，還有救嗎？

「威廉醫師你好，我快四十歲而且連續流產三次了，請問我還有救嗎？」二〇一七年夏天，小蓮小姐在臉書上留下這個問題，因此展開了以下這番對話：

「嗯……，這樣真的是不太容易，要做習慣性流產的評估，然後儘快接受進階治療了。」

「之前我跟醫師說要檢查，他說我會懷孕所以不需要，所以從沒檢查過。第一次流產醫生說是機率，第二次流產還是說機率，後來是我主動說要檢查才驗了夫妻染色體和自體免疫，但結果也都正常，這次懷孕流產還是沒做任何檢查，」小蓮小姐繼續說，「醫生只說是因為我高齡，不過我想知道在下次懷孕前，能不能吃藥來預防，還是一懷孕就應該吃什麼藥呢？」

「你的情形是可以考慮吃阿斯匹靈，或者使用肝素之類的，但也是要完整檢查之後才知道。」

借助人工生殖技術，反覆流產終於好孕到

中間經過一兩個週期，她選擇再自己努力看看。有一天，她傳來訊息，「威廉醫生，我調養一段時間了，但接下來又要開始去輪大夜班。之前輪夜班的時候都是一懷孕就流產，請問你有沒有可能開什麼證明，表示我目前狀況不適合上夜班呢？因為高齡加上一直吃中藥調養身體，已經耗了我太多時間和金錢，不敢想像還要拖多久……」

「如果生活壓力大又極度不規律，確實會影響排卵，也會造成流產率上升。」

「我知道開證明這件事很冒昧，但我真的不知道該怎麼辦了。」

後來，經過臉書社團管理員跟我求情了十幾分鐘（真的是要找到正向的不孕社團，這麼好的社團管理員我這輩子沒見過），「好啦，真的是拗不過你們，我可以開休養證明給你。但我的診斷會是寫『習慣性流產』，醫囑會建議規律生活、不熬夜、作息正常，只能寫到這樣。至於你老闆給不給假，我就沒辦法了。」小蓮小姐答：「真的嗎？謝謝你，威廉醫生！」

某天，我們這兩位網友終於第一次見面了。

「威廉醫師，今天真的很感謝你的幫忙和解答，我和先生會好好的研究一下未來的療程計畫。你本人真的比想像中帥又高，真的是人生勝利組呀！希望有機會能讓我們請你吃到雞腿油飯。」

「嗯，我也希望能吃到，畢竟你真的是不太容易做。」

後來她選擇先嘗試一個週期的排卵藥，不過很可惜，還是以失敗告終。

二〇一七年秋天，「威廉醫生，我決定要接受人工療程了，但我真的非常怕打針，每次打針我都會哭。可以不要打針嗎？」

「是可以單做排卵藥搭配人工，但對高齡的你，這樣效果不夠好喔！」
「可是我真的沒辦法，還是有什麼地方可以幫我打針嗎？」
「你住離台北比較遠的話，我有認識一家在八德的骨科診所，可以拜託他們的護士幫你。」
「骨科診所？骨科診所有在打排卵針喔？」
「他們可以幫你打針，靜脈、肌肉、皮下都沒問題。」
「為什麼？那是不是要很多錢才行？」
「注射費一次五十元，不過我可以幫你拗看看免費啦。至於為什麼，因為那家診所是我哥開的。」
「好哦！你們家都當醫生也太厲害。」
「還好啦，我還有一個哥哥在雲×台×看眼科，有需要嗎？」
「暫時不用，威廉醫生你家人都當醫生嗎？」
「我曾祖父、祖父、我爸、伯父、堂哥、我大哥、我二哥、我，全部都當醫生。代代行醫，已經四代了。」

「真好耶，不止聰明，長得帥又高，果然優良基因是遺傳的。」

「嗯，我確實是超級資優生，我有跟你自我介紹過嗎？」

「沒有，我可以聽聽嗎？」

「跟你自我介紹一下，我建中全校第二名畢業、應屆台大醫科、台大醫科書卷獎、台大醫科跳級一年畢業、台大婦產部正取第一名……（以下省略三百字）。」

「呃，真的好厲害喔！希望你可以讓我順利畢業。我跟我先生說，雖然路途很遠，但我喜歡你的專業跟對待病人的態度，所以一定要給你產檢和接生。」（以上這些雖然完全沒有醫學內容，但我就是要寫，嘿嘿。）

成功懷孕&順產，溫柔與愛的照護是關鍵

後來我為小蓮小姐進行人工授精療程，排卵針三針、破卵針一針、精蟲清洗加植入，一次就成功了，花費一共大概台幣一萬五左右。又經過了兩個禮拜，「威廉

醫生，這樣有嗎？」

「有喔，有兩條線。」

「可是很淺耶，這樣真的ＯＫ嗎？」

「之後要抽血看看，我之前也有碰過抽血才二十幾三十，後來也順利活產的。」

「我想再次請你幫我開證明，想先請安胎假直到穩定，可以嗎？」

「這倒是沒問題，現在懷孕了當然要好好休息啦！絕對不能再讓你流產。」

「除了驗孕之外，還需要驗免疫抗體、血栓、C蛋白、S蛋白那些嗎？」

「黃體素要抽，不足的話要補充。D-dimer 是血栓的最終產物，所以也要檢查，其他目前暫時不用。」

「為什麼我看社團的人都抽驗那麼多？」

「原則上，我都抽比較確定有影響的而已。就像你擔心喝的水狀況怎樣時，只要驗你杯子裡喝的就好，不用連外面下的雨都驗，那些不相關的，多驗多擔心而已。」

後來她血栓指數的狀況一直維持穩定，光靠著阿斯匹靈便足夠。「距離下次產檢的日子還好久喔，每天都在擔心寶寶有沒有繼續長大，好想每天都去產檢。」

「兩個禮拜還好啦！不要這麼擔心，放輕鬆一點。」

「因為我每次都過不了九週啊！體重也都沒增加，到底寶寶有長大嗎？」

「放心吧，繼續產檢下去，持續追蹤。」

後來，還真的如她所料，子癲前的篩檢呈現高風險，生長遲滯的發生機會是十四分之一。接下來的日子裡，她傳來各式各樣的問題：

「我需要去買家用的聽胎心音監測器嗎？」

「如果寶寶有狀況，我會有症狀嗎？」

「我好想每個禮拜產檢喔！」

「我可以喝這個嗎？」

「我可以吃那個嗎？」

「我一直無法安心，每天提心吊膽的……」

「以現在週數來看，肚子硬硬緊緊的正常嗎？」

「我超怕是在宮縮，會不會早產？」（以下省略三千字。）

習慣性流產的患者很辛苦，心理壓力極大，我都可以了解，也都可以體諒。從排卵刺激就開始服用「阿斯匹靈」，一路吃到驗孕，繼續吃到滿三個月穩定為止。後來因為子癲前高風險的關係，我跟阿斯匹靈就這樣從月經第一天起，陪著她一路走到滿三十六週為止。

最後，小蓮小姐順利產下一個兩千九百多克的男寶寶，哭得比誰都大聲。她的先生有進來產房幫忙剪斷臍帶，雖然手好像有發抖，但還好沒剪錯。話說，由父親斷臍是國外常見的做法，這表示爸爸親手讓兒子脫離媽媽的身體，正式來到這個世界上。

其實回想起來，我還真的沒有做什麼了不起的治療，只是開了一張診斷書，讓她好好休養；做了一個簡單的人工療程，讓她順利懷孕；備孕、產檢期間，不厭其煩的陪伴著她，給她照顧，讓她安心。如此而已。

如果你問我，治療習慣性流產最重要的是什麼？我會說：「美國生殖醫學會已經講得很清楚了——Lovely、Tender Care，愛與溫柔的照顧，比什麼都有效。」

Part.2

為何怎麼試都失敗？七堂懷孕進修課

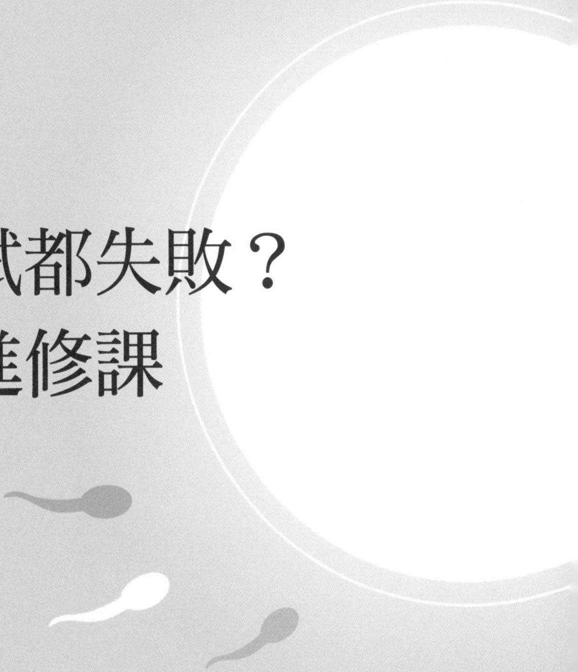

掌握必修課的重點並且嘗試之後，
還是沒辦法順利懷孕？
建議男女雙方都做檢查，釐清問題點再對症下「招」！

第一課

老公正常嗎？精液檢查與治療標準

先生檢查的狀況不太好，怎麼辦？由於實在太多太多人問這個問題了，而這個問題有著明確的標準答案①，想要有更清楚的認識，別錯過這堂課！

針對女性朋友對於男性因素不孕症的疑問時，我總是這麼說：「先生的問題比較好解決！」因為只要少數活著、會動的精蟲，我們就有辦法協助你懷孕。除了少數非常嚴重的寡精症、無精症以外，人工授精、試管嬰兒、顯微注射幾乎解決了九成九以上的男性不孕症問題，剩下的百分之一的患者也可以藉由精子捐贈而得到超過百分之九十九的成功療效。（我十幾年前也捐贈過一次，確定有活產，但是男是女，身在何方就不得而知了。）

怎樣的精液才算是正常？

我們今天暫且不提只有少數研究才使用「特殊精液檢查項目」，僅討論WHO二〇一〇年所提出的「必要項目」以及正常的標準值給各位參考。根據世界衛生組織（WHO）二〇一〇年定下的標準，此標準是以最後第百分之九十五的精蟲狀況作為正常值的「最低標」。也就是說，一百個男人裡面，有九十五個都超過這個水準。如果你先生的精蟲檢查剛好在及格邊緣的話，表示你先生是一百個男人裡面，倒數五名的人。

WHO的精液檢查標準包括：

1 **「精蟲濃度」**：最少每毫升中要有一千五百萬隻。

2 **「活動力」**：最少要有百分之四十會動（包含會向前衝的和原地打轉的）。

3「**型態**」：至少要有百分之四是正常的。

當然ＷＨＯ還有其他細項，包括：一次射精總量至少一點五毫升、一次射精最少精蟲量至少三千九百萬隻、存活的精蟲比例至少有百分之五十八、衝刺型精蟲比例至少百分之三十二是向前衝刺的等等。

精蟲異常還能懷孕嗎？從檢測判斷治療方式

而決定能夠接受何種治療的關鍵，在於「所有會動的精蟲總數」！也就是說，要把「精液總量」乘以「精蟲濃度」乘以「精蟲活動比例」。以我當年捐精時的精液分析報告為例：

怎樣的精液算正常？

- ◆精蟲濃度：每 cc 至少 1500 萬
- ◆活動力：至少 40% 會動
- ◆型態：至少 4% 正常
- ◆體積：至少 1.5cc

註：以 100 個男生，
第 95 名作為及格標準

不孕的問題若是在男方就比較好解決！先檢查精液是否正常吧，符合本表數據才及格喔！

精液總量約三毫升、精蟲濃度為八千萬、活動比例為百分之六十五，所以會動的精蟲總數等於三乘以八千萬乘以百分之六十五，大約是一億五千萬隻會動的精蟲。如果不考慮活動力，單純討論總數量的話就是三乘以八千萬，等於兩億四千萬。（所以賭神電影裡面說，男人有兩億是沒錯的。）

對於男性問題引起的不孕症，最簡單的方法是做人工授精（IUI）。而人工授精的較理想數量為：所有會動的精蟲總數超過「一千萬」；最低標準為所有會動的精蟲總數超過「五百萬」。對於所有會動精蟲總數低於五百萬隻的男生來說，人工授精幾乎不可能成功！

所有會動的精蟲總數低於一百萬的「百萬精先生」，只有顯微注射才有辦法讓卵子受精，

如何判斷男性問題引起不孕的治療方式？

Step 1

檢查「所有會動的精蟲總數」（以下簡稱為總數）

總數＝精液總量╳精蟲濃度╳精蟲活動比例

↓

Step 2

評估治療方式

500 萬＜總數＜ 1000 萬 → 人工授精

總數＜ 100 萬 → 顯微注射

不然幾乎沒有懷孕的可能。如果你真的這樣還能順利懷孕，那請不要怪我懷疑你是跟了隔壁老李才懷的。不過就算這樣，我也是會真心誠意的恭喜你，也歡迎來找我產檢、接生。我一定會幫你保密的！

對於以下幾種情況，也是建議顯微注射：

1 所有會動的精蟲總數小於一百萬。

2 所有會動的精蟲總數小於五百萬，且正常型態小於百分之四。

3 副睪或睪丸手術取精者。

4 冷凍卵子解凍者。

5 不成熟卵子於體外培養成熟者（In vitro maturation, IVM）。

6 需要進行胚胎切片（PGS②／PGD③）者。

精子顯微注射，能解決九成以上男性蟲蟲危機

我一再強調，先生的問題真的很好解決。世界衛生組織有著明確的標準，也有

明確的治療準則。所以請不要再來問我「威廉醫生，我先生這樣是不是一定要做試管」、「威廉醫生，我先生這樣有需要做顯微注射嗎」、「威廉醫生，我先生……。」

小姐，我不知道你先生的精蟲狀況為什麼這麼差，但請放心，這些都是有辦法治療的。男生的問題再怎麼嚴重，顯微注射幾乎可以解決「九成九」的患者了。拜託一下，不要再問我先生的問題怎麼解決，請打開你的手機或電腦，打開「計算機」或「小算盤」，輸入你先生的精液分析報告中的「總量」乘以「濃度」乘以「活動力」，得到的數字就是你先生「所有會動的精蟲總數」。

如果是精液分析異常且所有會動的精蟲總數超過五百萬，可以考慮人工授精；如果是所有會動的精蟲總數少於五百萬，請考慮試管嬰兒；如果是所有會動的精蟲總數少於一百萬，請考慮試管嬰兒加上顯微注射。再重申一次，在不孕症的門診裡，男性不孕症真的是相對比較好解決的部分了。

---

① 本文參考資料：世界衛生組織二〇一〇年精液分析標準及人工生殖教科書。

② PGS = Pre-implantation Genetic Screening，指「胚胎著床前基因篩檢」。

③ PGD = Pre-implantation Genetic Diagnosis，指「胚胎著床前基因診斷」。

第二課

如果卵巢是一個銀行，你還剩多少存款？解讀 AMH 指數

多數人可能對 AMH 耳熟能詳，甚至曾經看著檢查報告在深夜獨自哭泣。請利用這堂課來真正認識這個指數吧！

今天我要說一個很老的話題「AMH」，AMH＝抗穆勒氏管荷爾蒙，是一個很神祕的物質。在我們還是胚胎的時候，AMH的分泌抑制了胚胎期的女性生殖器官雛型（穆勒氏管），也讓人性別分化成男性。不過，上面這段完全不是我們今天要講的重點。

卵巢功能好或壞？讓AMH精準評估你的孕勢

在成年女性身上，AMH是由濾泡中的顆粒細胞所分泌，因此，AMH的指數與卵巢中的濾泡數目呈線性關係。什麼叫做線性關係呢？簡單來說，AMH代表了濾泡的數目，AMH高，表示濾泡多；AMH低，表示濾泡少。

AMH為什麼那麼重要？因為它很準確。而且它不受月經週期影響，不論在月經的哪一天去抽，指數都相當穩定。AMH是目前現階段存在的所有卵巢剩餘功能的評估中，最簡單、最準確、最不受到其他因素干擾的一個項目。

其他常用的項目還有很多，常用的如第三天的FSH（促濾泡成熟激素），但FSH可能受到荷爾

我的卵巢剩餘功能 OK 嗎？

以下 3 項符合其 2 就是不佳！

- ◆高齡（＞ 40 歲）或有其他卵巢傷害病史。
- ◆過去取卵數≦ 3 顆。
- ◆基礎濾泡量＜ 5 ～ 7 顆，或 AMH ＜ 0.5 ～ 1.1 ng/ml。

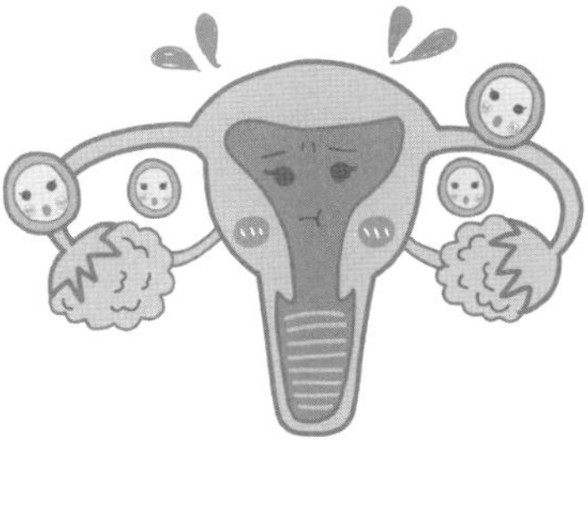

蒙藥物的影響，而造成數字上的改變。另外如基礎濾泡量，但這需要月經第二天去照陰道超音波檢查，較為費時費工，而且每個週期間的差異較大。因此，ＡＭＨ變為現代不孕症一個絕對必要的檢查項目之一，其重要性不輸給男生的精蟲分析。

若還有不了解精蟲狀況怎麼判讀的，請去複習上一堂課。一個男生還有多少隻會動的精蟲？一個女生還有多少顆能夠用的卵子？我想這絕對是我們需要知道的，以上這些都是基本觀念。

檢測卵子庫存量，簡單抽血即可知

通常，我們針對卵巢剩餘功能不佳的人會建議服用ＤＨＥＡ（脫氫異雄固酮），而什麼樣的人叫做卵巢剩餘功能不佳呢？根據歐洲生殖醫學會訂定的波隆那標準（Bologna criteria），卵巢剩餘功能不佳的因子為：

1高齡（高於四十歲）、或者有其他卵巢傷害的病史（如卵巢手術、化療、電療等等）。

2在標準刺激下，過去取卵的數目小於或等於三顆。
3基礎濾泡量小於五至七顆或AMH小於零點五至一點一ng/ml。

以上三者有其二，就是卵巢剩餘功能不佳的族群。從這個定義中可以發現AMH的準確性與重要性：它身為「卵巢剩餘功能不佳」的因子中唯一的抽血項目。不是FSH（促濾泡成長激素），不是LH（黃體成長激素），不是雌激素，更不是黃體素，而是AMH。

另外，從試管嬰兒的經驗當中，我們也能夠以AMH的數值去準確預測你可能的取卵數目。在一篇二〇一三年的研究中①，一共分析了六十位即將進行第一次試管療程的患者，分析她們的AMH與最後的取卵數目。這些患者都是使用標準刺激療程，而並非所謂的微刺激療程。實驗的結果再次證實了AMH的數值與取卵數目的線性關係：AMH越高，取卵數越多；AMH越低，取卵數越少。而這個線性關係的斜率，大約是三分之一。

也就是說，以AMH數值的三倍，幾乎能夠準確預估你的取卵數目。AMH等於零點七的人，取兩顆；AMH等於一的人，取三顆；AMH等於二的人，取六顆，以此類推。至於你的年紀，幾個卵、能有多少懷孕機率，大家可往前翻閱 Part 1 課後補充《延長生育力，冷凍卵子一勞永逸！？關於凍卵你要知道的真相》一文。

當看到你的 AMH 數字時，先想想你現在的年齡，再看看你先生精子的狀況，然後兩個人坐下來好好想想，下一步應該怎麼走？以及也要好好想想，你還剩多少時間可以慢慢試？

AMH 與取卵數的相關性

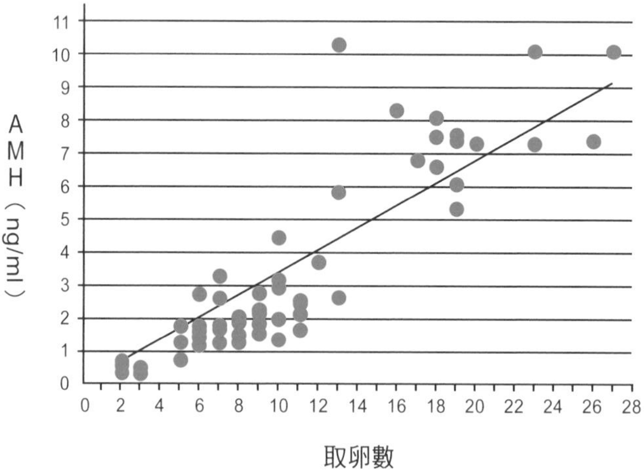

逝去的 AMH，如同你逝去的青春。失去了，就不會再回來了。

盤點AMH庫存，別忽略這兩個問題

當了解AMH數值的意義，或看到AMH報告之後，通常又會有著大大小小的疑問，但最常碰到的，歸納起來其實就兩大類：「我這樣正常嗎？」、「我AMH這樣，為什麼取卵數那樣？」。

先回答第一個問題「我AMH這樣正常嗎？」，這個問題首先要注意的是你到底幾歲，不同年齡的AMH正常值並不相同。另外，我們必須去了解什麼樣叫做「不正常」。通常所謂的「正常」就是一百個人裡面，第六名～第九十五名都算蠻正常的。最後五名（低於百分之五）跟前五名（高於百分之九十五），都算不正常。所以威廉氏後人從小到大考試都考第一名，可以說是非常不正常。

關於第二個問題「我AMH這樣，為什麼取卵數那樣？」，答案很簡單：我也不知道。我很抱歉，但我真的不知道，我只是做論文跟數據的說明，每個人都有個體差異。台灣女生平均身高一百六十三公分，也就是說可能有將近一半的女生不到一百六十三，所以請不要問我說「威廉你不是說台灣女生平均一百六十三，為什麼我不到？」呃……這就是所謂的平均，會有人低於平均，有人高於平均。如果你是低於平均的，我很遺憾。可能下次考慮換一種療程內容或換一種排卵藥物都是可行的。

你的卵巢還好嗎？從數字教你看生育力

那麼，各個年齡層AMH到底多少才算是正常呢？這裡我提出一個二〇一七年的數據，是一篇中國的研究，統計了北京、杭州、廣州、大連、烏魯木齊等五個大城市，一共一千一百六十九人的AMH做分析。我們不討論任何政治議題，不過，在醫學的人種分類上，台灣人跟中國人是很

各年齡層 AMH 數值之參考數據

年齡 / AMH 數值	底標（5%）	平均（50%）	頂標（95%）
19 ~ 24 歲	1.22	4.17	13.27
25 ~ 29 歲	1.16	3.8	9.88
30 ~ 34 歲	0.69	2.89	7.88
35 ~ 39 歲	0.14	2.08	6.65
40 ~ 44 歲	0.1	0.79	3.69
45 ~ 49 歲	0.01	0.19	1.27

接近的。我相信大家都可以認同。至於同語文同人種是不是就屬於同一個國家，我想你可以去參考看看英國跟美國。

從中國一千一百六十九人的大型研究②得到的結論，提供給各位做參考。這些人是健康的自願受試者，並非是不孕症的病人去統計的喔！ＡＭＨ各年齡層的平均（百分之五十）、底標（百分之五）、和頂標（百分之九十五）分別如右表。

有了這組數據，你可以自己對照看看，第一，在你的年齡層，你的卵巢功能怎麼樣？百分之五或百分之九十五都是叫做「不正常」。第二，你的ＡＭＨ值大約是在哪個年齡層的平均？比如說一個三十四歲的小葳（瞎掰的），她的ＡＭＨ為零點四，代表說她的卵巢是同年齡裡面排行倒數幾名；也可以看做是她的ＡＭＨ，和年齡四十至四十四歲的人的平均相比，都還要更差了。

複習一下上面提到歐洲生殖醫學會說明卵巢剩餘功能不佳的因子，第一個條件便提到了「高齡（高於四十歲）」，可以發現這個定義大概就是以四十歲為一個標準，如果你超過四十歲或者卵巢功能像四十歲以上的卵巢，即符合了至少「條件一」或「條件三」。再舉個例子說明，比如有位四十一歲的小蓮（亂編的），她的ＡＭＨ為零點九，雖然看起來超過同年齡的平均值了，但在你高興幹掉一半的同齡對手時，其實你的卵巢功能還是很不好了。

看完這一篇，希望你對ＡＭＨ能有著更多的認識，我也誠摯地希望你不是像文中的小葳或小蓮一樣。無論你是以下哪種情況：「年輕、但卵巢功能不好」，「卵巢功能正常、但高齡（超過四十歲）」，或者更常見的情況是「既高齡、卵巢功能又不好」的，我都要說，這世界上其實沒有什麼特別神奇的方法可以改變你的身體，積極一點、早點結婚，積極一點、早點懷孕，這是我由衷的建議。

---

① 參考文獻："A ssociation between AMH，oocyte number and availability of embryos for cryopreservation in IVF." In Vivo. 2013 Nov-Dec;27（6）：877-80.

② 參考文獻："Establishing age-specific reference intervals for anti-Müllerian hormone in adult Chinese women based on a multicenter population." Clin Chim Acta. 2017 Nov;474：70-75.

第三課

難道卵多也有錯？漫談多囊性卵巢症候群

多囊性卵巢是導致女性不孕的主因之一，很多患者都會來詢問，請好好讀這一課，並正確地認識它。

多囊性卵巢症候群（Polycystic Ovaries Syndrome, PCOS）目前被認為是最常見的婦產科內分泌疾患，大約影響百分之八的女性。而多囊性卵巢症候群的診斷標準，根據當今世界通用的鹿特丹準則，其診斷條件包括：

1 不排卵或極少排卵。

2 雄性素過多（臨床特徵或抽血皆可，臨床常見雄性素過多如肥胖、多毛、長青春痘、禿頭等等）。

3 超音波下，出現多囊性卵巢的影像特徵。

以上三個條件必須至少包含兩項才算，光是超音波報告或單單只是長了青春痘，都不算是喔！

可是，該怎麼知道自己是不是沒排卵一族？在這裡，我提供一個最簡單的診斷方法：如果你的月經非常不規則，或者每次都超過三十五天才來，那你很可能就是屬於這個族群。

我有多囊性卵巢嗎？

以下至少符合 2 項才是！

- 不排卵或極少排卵（月經不規則）。
- 雄性素過多（肥胖、多毛、青春痘、禿頭等）。
- 超音波顯示有多囊。

多囊性卵巢是目前認為最常見的婦科疾病，研究指出若減重 5 ～ 10%，約有 62% 機會能恢復正常排卵。

解決「多囊性卵巢」不孕難題，兩招改善

對於確定有多囊性卵巢症候群的人，想要懷孕要做什麼準備？第一件也是最重要的一件：減肥！如果你屬於過重（ＢＭＩ值大於二十四）或肥胖（ＢＭＩ值大於二十七）的多囊性卵巢患者，請務必努力減肥！目前的研究指出，你只要能夠減重百分之五至十，就有機會恢復到正常的排卵（百分之六十二）喔！而這些成功減重的多囊性卵巢患者裡，也有百分之二十五後來就成功懷孕了。

曾有人問：「我有多囊性卵巢，但不胖啊，為什麼還是沒辦法順利懷孕？」這種瘦多囊，可能還是有慢性不排卵的問題，而最有效的治療，目前仍以口服排卵藥為主。針對沒有肥胖問題，或已經瘦下來的多囊性卵巢症候群患者（ＢＭＩ值小於三十），口服排卵藥可達到百分之八十的排卵率以及百分之五十的懷孕率。

關於服藥問題，常有人拿著糖尿病藥物來問我：「醫生為什麼開這種藥給我，到底對不對？」事實上，像是Metformin這一類降血糖藥，對患有胰島素阻抗的多囊性卵巢患者來說，已證實可以達到提升排卵的功效，達到更高的懷孕率喔！

假如你屬於年紀較大（大於三十八歲）的多囊性卵巢症候群患者，第一當然還

是要認真減重，不過減重的成效已經緩不濟急。因為此時卵巢功能的衰退速度又日漸加快了，可能要儘快考慮接受人工協助生殖技術的幫忙才好。

總結來說，多囊性卵巢是一種疾病，很多人稱它叫做一種體質，其實它就是病。生病就應該看醫生，如果醫師有開藥給你吃，該吃藥就應該吃藥，該減肥就要減肥，這就是最好的方法。這篇的語氣比較重，也許逆耳，但都是忠言。

第四課

子宮輸卵管攝影一次講清楚，讓你輕鬆應對檢查

說到子宮輸卵管攝影，很多人只有「聽說很痛很不舒服」的印象，但到底為何而做、做了些什麼，反而都不了解……

先前，有個新聞提到，有個人反覆惡意地稱呼女護理師說「你們不過是一群輸卵管」。我無意討論那個故意想紅的人，其實也不知道這句話是否有任何褒或貶的涵義。不過，如果有人叫我「你這個輸精管」，我會覺得很榮幸耶，畢竟我真的常在幫人作人工授精（ＩＵＩ）。

你的子宮和輸卵管通暢嗎？正常嗎？一檢查便知

子宮輸卵管攝影，顧名思義，是藉由顯影劑將整個子宮腔跟輸卵管腔注滿。這是利用子宮與輸卵管相通的原理，將顯影劑經由陰道裝置的導引管注入子宮腔和輸卵管內，再透過X光攝影去判斷顯影劑是否順利從雙側輸卵管流出至腹腔內。

根據我本人親手執行過的無數輸卵管攝影的經驗，一般人會痛的可能時間點有三種：裝置鴨嘴及顯影劑導引管時、當子宮腔或輸卵管被用力撐開時、對顯影劑的過敏反應等等。

針對第一個原因，其實跟有些民眾懼怕的內診跟抹片一樣，只要裝置鴨嘴等器具的時候動作較輕柔，就可以明顯改善（不相信的可以找我做抹片看看，真的出了名的不痛）。第二點的話，通常被形容成像經痛、脹脹的、悶悶的、怪怪等感覺，對於有些輸卵管輕微阻塞的朋友，有時候高壓力的顯影劑注射可以直接沖開輕微阻塞的輸卵管，那樣就真的會滿不舒服，但絕對值得。至於顯影劑過敏則非常非常少見，原則上除非過去曾經發生過顯影劑過敏的病史，不然不太需要擔心。

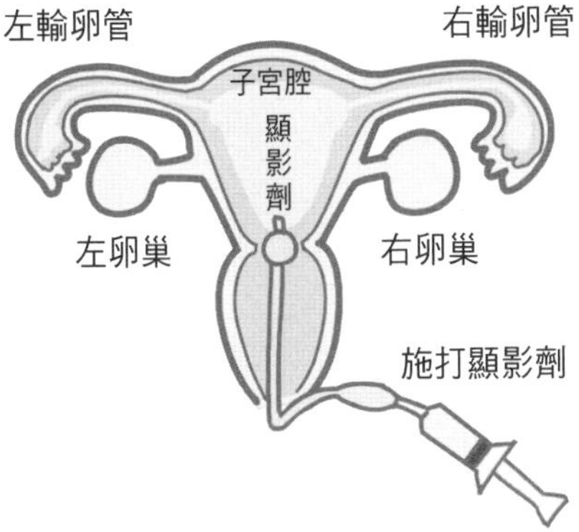

輸卵管攝影檢查什麼？

- 輸卵管水腫。
- 子宮腔內的變化（如瘜肉、子宮腔沾黏等）。
- 子宮先天異常。

子宮輸卵管攝影，是藉由顯影劑注滿整個子宮腔跟輸卵管腔，透過 X 光攝影觀察顯影劑是否順利從輸卵管流出至腹腔內。

輸卵管攝影下的正常、異常圖像

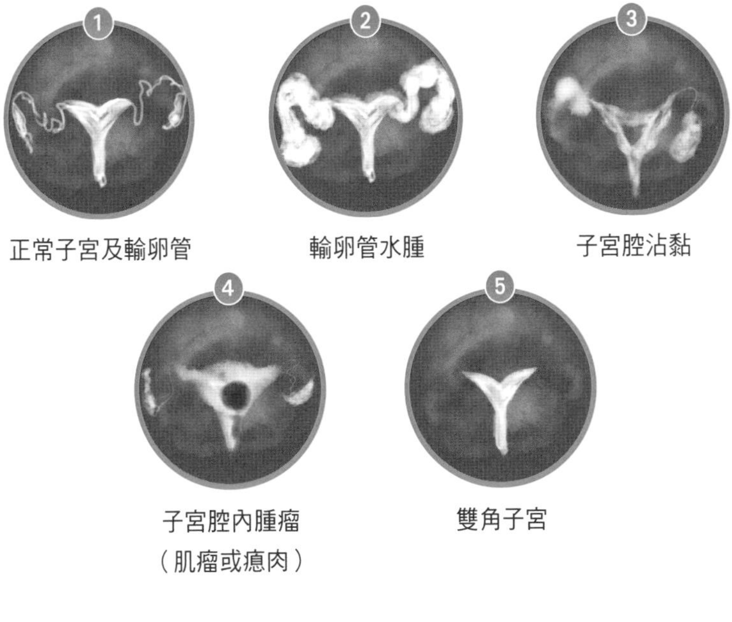

1 正常子宮及輸卵管　2 輸卵管水腫　3 子宮腔沾黏
4 子宮腔內腫瘤（肌瘤或瘜肉）　5 雙角子宮

那麼，子宮輸卵管攝影到底看哪些東西呢？很多人都以為這個檢查只能看輸卵管有沒有暢通，當然這確實是一個最主要的目的。除此之外，輸卵管水腫（會藉由顯影劑的注射變得清楚可見）或者子宮腔內的變化（如瘜肉、黏膜下肌瘤、子宮腔沾黏等），或者是像雙角子宮、單角子宮、子宮中膈等子宮先天異常，都可以利用子宮輸卵管攝影達到診斷或篩檢的效果。子宮輸卵管攝影檢查對於上述情況的診斷力相當高，疾病偵測率都有超過九成以上。

檢查前後必知的五大提醒

另外，在進行輸卵管攝影的注意事項上，這裡也向各位提醒以下幾點：

1 **關於麻醉**：基本上不需要麻醉，雖然大部分的人非常害怕，也確實有些不舒服，但大多數人都可以忍受，也都會平安的回家，不用麻醉、不用住院，請放心地接受檢查。

2 **感染風險**：由於這個檢查本身會將外界的液體注射入子宮腔內，雖然整個操作過程都是經過消毒滅菌的，但文獻報告指出還是有百分之零點三～百分之三的骨盆腔發炎發生率。因此，檢查前後請依照醫師指示服用預防性抗生素，通常給藥三至五天為常用做法。

3 **檢查禁忌**：懷孕是此檢查之絕對禁忌，這點我想大家都可想而知，所以包括敝院在內的許多醫療院所，都嚴格要求攝影時間必須安排在月經剛乾淨的濾泡期，原則上就是月經的第六至第十一天為宜。

4 **術後照護**：原則上，由於進行檢查的緣故，之後若出現腹部悶痛、陰道分泌物增多、或者少量陰道出血的狀況，都是正常的。只要按時服用醫師開給你的處方藥物，這些症狀一般在二至三天內就會自行緩解。

5 **懷孕相關問題**：輸卵管攝影的顯影劑與放射線劑量非常安全，雖然不會在輸卵管攝影當月幫你安排各種促進懷孕的方法，但攝影當月就自然懷孕的人也不少。因此，並不用因為擔心對胎兒是否有影響而逕自中止妊娠，照一般規則進行產檢即可。也曾經有文獻報告顯示，一位懷孕七週的孕婦誤進行了子宮輸卵管攝影，結果小孩成長到七歲，狀況也是完全正常的。

總結來說，子宮輸卵管攝影是一個惡名昭彰，但卻是具有相當診斷價值的工具之一，希望大家不要再以訛傳訛了，輸卵管攝影真的一點都不可怕喔！

參考資料：Taiwan J Obstet Gynecol. 2008 Dec;47（4）：463-5.

第五課 子宮內膜太薄怎麼辦？多管齊下增厚有方

內膜過薄的問題至今仍常被詢問，也確實是一個棘手狀況。這一堂課就透過科學實證帶你看看如何使子宮內膜提升厚度。

坊間有很多各式各樣的方法可以「養內膜」，至於效果如何就見仁見智、不得而知了。在此，我引用二〇一四年婦產科內分泌學雜誌（Gynecological Endocrinology）的一篇回顧①跟大家做分享，這裡純粹只做西醫科學討論，至於中醫、生機飲食、養生食品等等，皆不在討論範圍內。

首先，內膜多薄叫做「薄」？醫學上以陰道超音波為準，雖然也曾有極端的例子——內膜三點七毫米也有活產的個案報告。不過一般來說，適合著床的內膜應該至少七毫米，若能大於九毫米則更為理想。對於小於四十歲的患者，只有百分之五不容易達到九毫米的內膜；但對於四十一至四十五歲的族群而言，則有百分之二十五無法達到九毫米的內膜。

打造最佳懷孕環境，子宮內膜增厚可以這樣做

目前對於子宮內膜，有各式各樣的檢查和治療方式：

1 **檢查式子宮鏡及治療性子宮鏡**：針對內膜沾黏、內膜層肌瘤、瘜肉等等做手術處理。

2 **荷爾蒙治療**

(1) 雌激素：目前被認為是最有效、最符合生理性的藥物，可使用高劑量、或甚至超長劑量（長至四至六週都有文獻報告）。

(2)使用二階段試管嬰兒療程：將取卵後的卵子冷凍或胚胎冷凍後，在下次的植入週期中選用荷爾蒙週期調控，將內膜刺激到最適合著床的厚度，再進行植入。取代傳統的自然週期或新鮮週期等方法。

3 提升子宮內膜血流

(1)阿斯匹靈：對於內膜小於八毫米的族群，雖然阿斯匹靈並不能讓內膜增厚，但能使著床率和懷孕率上升。不過，也有研究認為這樣做效果有限。

(2)維生素Ｅ＋循能泰（Trental/Pentoxifylline）：這本來是神經科或心臟科用來治療周邊血管病變的促進循環藥物，對於因受過電療或其他子宮傷害的患者，有百分之七十二的人合併使用維生素Ｅ後，能有效增加內膜厚度及懷孕率。

(3)威而鋼：藉由調控體內一氧化氮（NO）濃度，而達到血管擴張的效果，對於子宮腔有沾黏或接受捐卵者，能夠增加內膜厚度。

(4)左旋精胺酸（L-arginine）：精胺酸為人體主要一氧化氮（NO）的來源，也能夠幫助子宮血流的改善。

4 **仍處於研究階段的方法**

(1) 白血球生長激素（G-CSF）及自體血小板注射（PRP）：目前也有少數針對不孕婦女為對象探討使用效果的醫學研究。但此類研究仍非常少；有效性、安全性都尚未建立。

(2) 幹細胞技術：效果不明，僅有動物實驗。

配合治療×營養飲食×情緒調整，改善內膜問題

然而，內膜並不是越厚越好，而是要有最適合的著床厚度。七毫米以上即有著床可能，理想則應大於九毫米。內膜很薄的人，建議你做個子宮鏡檢查，確定沒有子宮腔沾黏或其他因素。若無構造上的問題，則可能與年齡有關，大於四十一歲的患者較容易出現內膜太薄的問題。

如果你的內膜真的很不容易增厚，怎麼刺激都很薄，可以考慮改用荷爾蒙週期取代自然週期，但仍要跟你的醫師討論來調整喔！

那麼，多注意日常吃什麼會有用嗎？目前唯二有證據的就只有維生素 E 及精胺酸，剛好精胺酸也是男性最需要的營養素之一，建議夫妻雙方可以多食用富含精胺酸的食物，如核果類、海鮮、魚、肉類等等。

除了配合醫師治療、多吃含維生素 E 及精胺酸的食物外，儘可能保持適度運動和充足的休息，皆有助提升子宮內膜的血流。另外，儘可能保持心情放鬆，放鬆的心情才能得到放鬆的血管喔！

---

① 文獻出處："Treating patients with "thin" endometrium - an ongoing challenge." Gynecol Endocrinol. 2014 Jun;30（6）：409-14.

第六課

好不容易懷孕，卻流產了！習慣性流產的評估與治療

有些女性朋友對於習慣性流產評估檢查抱有疑惑，在此也簡單為各位說明，希望對飽受困擾的你能有幫助。

首先，即使是完全正常的夫妻，也有大約百分之十～十五的自然流產發生率，而這樣的流產超過半數是起因於胚胎本身的異常，這是屬於自然淘汰的一種機轉。

那麼，反覆流產的情形發生幾次，才建議要做檢查呢？研究指出，流產一次者，下次懷孕再流產的機率為百分之十五；若連續流產兩次者，下一次懷孕再流產

的機會提高為百分之十七~三十一；若連續三次，下一次懷孕再流產的機會高達百分之二十五~四十六。

因此，傳統上會將連續三次或三次以上的流產定義為「習慣性流產」。然而，針對發生連續兩次流產的人，其實第三次流產的機會已來到三至四成。所以，與其可能還得承受第三次流產的痛苦，有些醫師也認為，連續兩次流產就可以考慮做檢查了。

若連續兩次流產請就醫檢查

- 第一次流產：下次再流產率為15%。
- 連續二次流產：再次流產率為17～31%，考慮儘早就醫。
- 流產三次以上：為習慣性流產，需檢查並找出病因。

找出習慣性流產病因，請好好接受檢查

對於連續流產二至三次的習慣性流產女性來說，會有以下的檢查需要完成：

1 **一定要做的項目**（Most useful tests）：

(1) 夫妻雙方染色體分析：確認是否有任何染色體轉位或其他變異，大約有百分之四點七的習慣性流產患者，身上帶有染色體變異狀況，但自己原先並不曉得。

(2) 子宮構造評估：包括超音波、子宮輸卵管攝影、子宮鏡等檢查，以確認有無子宮腔沾黏、雙角子宮、或其他先天性子宮畸形等情形。

連續流產 2～3 次，請做以下檢查！

必做
- 夫妻雙方染色體分析
- 子宮構造評估
- 抗磷脂抗體及狼瘡抗凝固素
- 甲狀腺功能

選擇
- 卵巢功能評估
- 高凝血或血栓狀態
- 其它抗體及免疫檢查

(3) 抗磷脂抗體及狼瘡抗凝固素（Anticardiolipin & lupus anticoagulant）：這是最常見容易引起習慣性流產的自體免疫疾病，應優先診斷及治療。

(4) 甲狀腺功能：甲狀腺亢進或低下都容易導致流產，若能診斷並改善甲狀腺功能，能有效下降百分之四十八的流產風險。

2 **選擇性的檢查（Optional tests）：**

(1) 卵巢功能評估（如基礎濾泡量、FSH、AMH等）。

(2) 高凝血或血栓狀態（hypercoagulable status）：檢查是否有遺傳性血栓體質（inherited thrombophilia）等狀況。

(3) 其它抗體及免疫檢查：由於自體免疫抗體實在太多太多種了，至少要做的是上述的抗磷脂抗體及狼瘡抗凝固素，其他抗體的篩檢則為選擇性，若有症狀或其他家族史再加做即可。

自然流產接連兩次以上，建議你及早就醫

習慣性流產有非常多的原因，而各種狀況也大多有相對應的治療方式。當然，做出診斷以及適當的治療是醫師的工作，至於女性朋友們最需要的，還是「什麼時候該去檢查」。依照一般建議，若連續三次流產，務必仔細好好的找醫師檢查清楚；若已連續兩次，也有建議可提早向醫師諮詢，畢竟下一次流產的機率也很高；若只有一次，一般人約有百分之十五的自然流產率，超過半數是因為胚胎的異常，原則上並不需要做其他額外的檢查。

而導致流產的原因，除了自願的人工流產以外，無論是因為空包彈妊娠（萎縮卵）、小週數心跳停止、還是自然流產，都視為一般自然淘汰。再重申一次，若只發生一次流產，並不需要做其他檢查；若連續兩次或甚至三次以上，請務必尋找不孕症醫師或熟悉習慣性流產狀況的專家做進一步諮詢喔！

第七課

難孕，竟是來自不愉快的性生活！適當使用潤滑劑能助孕？

前面我們針對了精子、卵子和早期流產等面向來探討難孕，進修課來到最後，要來談談令許多人難以啟齒的「性交疼痛」。

在女性性功能障礙方面，目前最常被問的問題就是「性交疼痛」（dyspareunia）。疼痛的原因很多，但就醫的人很少，研究指出只有百分之二十八有這種問題的人會求助於醫師（瑞典資料，台灣想必更低）。也就是說，今天有十個人來問，就表示後面還有三十個不願就醫的。

愛愛好痛！原來是生病了

就女性性功能障礙而言，可以簡單分成下列幾種狀況：性慾問題（性冷感）、濕潤問題（或覺醒問題）、高潮障礙、性交疼痛等。其中，性交疼痛又是所有女性性功能障礙最常見的主訴症狀之一。

對於小於五十歲的婦女來說，常見的原因是慢性會陰疼痛（vulvodynia），是指由於心理或壓力引起外陰部變得異常敏感，一經觸碰就會感到疼痛。而對於大於五十歲的婦女，最常見的原因是由於荷爾蒙不足，所造成的萎縮性陰道炎，這裡我們暫且不討論停經後的狀況。

回到慢性會陰疼痛（vulvodynia），這個診斷是要排除其他的病因之後，才能夠判斷的一個垃圾桶診斷①。必須要排除的其它常見原因包括會陰神經痛、濕潤不足、陰道痙攣症、膀胱炎、陰道炎、子宮內膜異位、骨盆腔沾黏等等。

你是哪種痛？認識各病症診斷特色

至於各個診斷的特色，接下來也一一簡述給各位參考：

1 **會陰神經痛：**為骨盆神經痛的一種，病患連坐下這個動作都會感覺到痛，但不會在睡夢中痛醒。

2 **濕潤不足：**常見原因為性慾低下、覺醒不足、乾燥症，或者是因藥物造成，如抗組織胺類藥物。

3 **陰道痙攣症：**這是一種自律神經失調引起的狀況，不正常的陰道痙攣會在性行為過程中造成性交困難，當勉強進入之後亦會導致異常的疼痛。

4 **膀胱炎：**可能合併血尿頻尿、解尿疼痛等等。

5 **陰道炎：**常見如念珠菌、陰道滴蟲等感染，造成陰道發炎水腫，因而引發疼痛。

6 **子宮內膜異位：**通常是對方較「深入」時會感到疼痛，這是因為位於骨盆底的子宮內膜異位所造成之疼痛。

7 **骨盆腔沾黏：**通常在發生前，曾有骨盆腔發炎或骨盆腔手術的病史。

補充一下，在濕潤不足這個狀況裡，又可區分為兩種，第一是生理性的，第二是心理或社會因素造成。辨別方法很簡單，就是在一個適合的情境下「自己來（masturbation）」，如果連自己來都有問題，那可能是生理性的問題，例如荷爾蒙、乾燥症或藥物干擾等；要是自己來沒問題，但跟先生怎麼樣都不行，這時候就要考慮心理或社會因素。建議跟你的伴侶討論看看，是否他使用的方法並不是你想要的呢？是否兩人是在不對的情境、不對的狀況下勉強為之？（比如說可能你只能接受在臥室，但先生喜歡在廚房之類的。）

我知道很多人只是為了懷孕，只在排卵日做功課而已，其實一點慾望也沒有，所以當然會濕潤困難，就像明明肚子不餓，餐點也吃膩了、但又非吃不可的那種痛苦。此時可以適度使用一些不影響精蟲的潤滑劑。若是嚴重陰道痙攣症者，則建議直接就醫，通常會使用較強效的藥物去調節你的自律神經。

如果是上述所有情況以外的，就是慢性會陰疼痛（vulvodynia），這樣的狀況建議用少量的局部麻醉藥膏及物理治療（提肛運動）等方法來改善喔！

就醫治療、伴侶溝通，解決女性性功能障礙

對於性交疼痛的患者，有非常多的鑑別診斷，但這都需要輔以內診跟抽血等方法，目前的診斷流程大致是這樣子的：首先需排除泌尿道感染、陰道感染、手術沾黏、子宮內膜異位等狀況，因為上述情況是比較容易處理的，接著才是根據不同症狀診斷提供相對應的治療方法。重要的是，我們必須去正視這個問題，才有辦法找到適合的治療法。

在我們西醫的觀點裡，任何疾病都不外乎區分成三個面向：解剖的（構造上的）、生理的（功能、荷爾蒙的）、心理社會的。解剖的問題可以靠手術來矯正；功能問題必須靠藥物、生活調整、或物理治療等方法來處理；最困難的則是心理社會的面向，必須不斷提醒你，請不厭其煩地跟伴侶溝通、不要恥於跟伴侶討論自己對性行為的需求與想法，性功能障礙的問題才有辦法獲得改善喔！

找回性福、添好孕，借助潤滑劑行不行？

關於潤滑劑（lubricant）與懷孕兩者間的關係，實在是一個非常有趣的議題，很遺憾的是，這類型的研究非常少。首先，潤滑劑的使用者到底多不多呢？根據二〇一二年婦產科期刊《婦產科 Obstet Gynecol》所報告②，百分之五十七的人從來不用，百分之二十九的人偶爾使用，百分之十四的人經常使用。也就是說，將近四成的人有使用潤滑劑的需求。

另外再跟大家分享一篇二〇一四年刊登在現代婦產科觀念③的總整理，這篇總整理一共收錄十篇相關研究④，而每篇內容研究的潤滑劑也各有不同。茲將這十篇文章研究的結果，整理節錄如下：

論文１：《KY Jelly》、《Surgilube》潤滑劑，會使精蟲活動力下降。

論文２：在《KY Jelly》、《Surgilube》等共十六種潤滑劑中，發現基本上水溶性潤滑劑對精蟲活動力影響較大，油脂類的影響較小。

論文３：若潤滑劑為口水，對精蟲有毒性！

論文４：在《KY Jelly》、《Surgilube》、《Lubifax》等共六種潤滑劑中，似

乎對精蟲活動力影響不大。

論文5：甘油對精蟲有不良影響，而蛋白沒有。

論文6：《Lubrin》潤滑劑，會使精蟲活動力下降。

論文7：《KY Jelly》、《Astroglide》潤滑劑，對精蟲活動力有不良影響。

論文8：包含《KY Jelly》、《Astroglide》在內等四種商品，以及天然橄欖油、芥花籽油，都對精蟲有不良影響，其中芥花籽油對精蟲影響最小。

論文9：若以《KY Jelly》、嬰兒油、橄欖油、口水作為潤滑劑，發現嬰兒油較無影響，其他《KY Jelly》、橄欖油、口水，都對精蟲活動力有不良影響。

論文10：《KY Jelly》、《Pre-Seed》、《Femglide》等潤滑劑，以《Pre-Seed》影響最小，其他兩種對精蟲有較為不良的影響。

論文11：《Pre-Seed》、《Replens》、《Aquasonic》、《Felis》等潤滑劑，《Pre-Seed》是唯一對精蟲較無影響的。

不當使用潤滑劑，可能不利精蟲活動

綜合以上研究的結論，到目前為止，過去十篇論文沒有任何一種潤滑劑被證實有「助孕」效果，尚未有證實可以「增強」精蟲活動力的潤滑劑，能夠不要造成負面影響就算是不錯的潤滑劑了。當中，被認為對精蟲有毒性的，例如口水、《Replens》；會減慢精蟲活動力的，包含《KY Jelly》、《Surgilube》、水溶性潤滑劑、甘油、《Lubrin》、《Astroglide》、《Replens》、橄欖油和《Femglide》；對精蟲比較沒什麼影響的潤滑劑，則有蛋白、芥花籽油、嬰兒油和《Pre-Seed》。

不過，這些研究都是在體外進行的，意思是說把精液取出，加入各種類型的潤滑劑，再觀察精蟲的變化，並沒有人體的臨床研究。也就是說，不同人使用不同潤滑劑，臨床實際結果如何就不得而知了，所以仍需要更多更多的研究才能夠明瞭，畢竟，還有更多材質正在被研發和使用。

先聲明，我沒有收受任何廠商的金錢或其他利益，請上述被提及有不良影響產品的廠商不要來告我，這些都寫在二〇一四年的研究論文之中，此篇單純做學術分享。另外，上述的所有潤滑劑，本人一個也沒用過，所以不知道真相到底為何。

但我很天真的相信，陰道自然分泌的天然潤滑劑，就演化的角度來講，應該一定是最好的吧！？雖然這句話沒實證醫學證據，純粹個人猜測。不過，對於有行房困難、性交疼痛的朋友們，建議還是應該去看醫生或者和伴侶多多溝通、調整步調喔！

---

① 垃圾桶診斷，意指就像個垃圾桶似的診斷，可包含所有一切與慢性會陰疼痛有關的症狀。
② Obstet Gynecol. 2012 Jul;120（1）：44-51.
③ Curr opin obstet gynecol; IF=2.14.
④ Curr Opin Obstet Gynecol. 2014 Jun;26（3）：186-92.

檢查通通正常，但精子就是鑽不進去！

小銘是一個三十七歲的不孕症患者，本身也是一位多囊患者。AMH抽血的數值是十，雙側輸卵管正常、子宮腔正常，先生精子檢驗也全部合格。這樣的輕熟年齡，在排除掉其他問題的可能性之後，受孕本來不應該是太困難的事。

然而，經過長時間的努力、多位名醫的診治之後，卻還是遲遲無法懷孕。其實也曾在其他名醫那邊做過四次的人工授精，但很遺憾，全都鎩羽而歸。沒成功的理由很多不外乎是卵子品質較差、年齡偏高、機率、壓力等等。為了懷孕，小銘研究所也不念了，工作也差點丟了，孩子還是遲遲沒有來報到。走過一次又一次的失望過後，最後她選擇來找我接受試管療程。

小銘接受標準拮抗劑療程一共取卵二十幾顆，剔除不成熟、無法使用的卵子，最後一共有二十顆卵子進入受精程序。有趣的事情來了，由於小銘針對她遲遲無法懷孕這個問題一直無法得到解釋，為了找出答案，我們試著將她的卵子分成兩批，一批接受傳統體外受精（ＩＶＦ），一批接受單一精子顯微注射（ＩＣＳＩ）。

「傳統體外受精」是將洗滌好的精子和卵子直接放在培養皿中，讓它們在體外發生自然受精的過程，也就是試管嬰兒這個名字的來源。「顯微注射」則是挑選一隻外觀、活力看起來最正常的精子，直接藉由顯微操作注射進卵子裡面，達到強迫受精的過程。

「單一精子顯微注射」證實了受精有問題

後來的受精結果顯示，這二十顆卵之中，進行傳統體外受精的六顆卵子，只有一顆受精，受精率是百分之十七；進行顯微注射的十四顆卵子，共有十三顆受精，受精率百分之九十三，最終培養至第五天的囊胚一共有七顆，品質都不錯。

經過一些時間的調養，小銘植入兩顆品質優良的囊胚，最終順利剖腹產下一對龍鳳胎，哥哥兩千四百多克、妹妹兩千三百多克，兩個都正常，生產也一切平安。

從這個案例中，我們可以發現，小銘先生的精子報告如下：精子數量為一億八千萬、活動力百分之七十，型態正常、看似無異狀，甚至可說是高標。但是在體外受精跟顯微注射的受精率，卻還是有如此的天壤之別，這就是所謂的「受精問題」。受精問題目前並沒有什麼很好的方法可檢查，因為我們無法得到卵子來受精看看，除非接受試管嬰兒療程，不然始終無法得知這個精子到底鑽進去了沒有。

也許我們可以讓每個月的卵子排多一點，也許我們可以讓著床期的內膜厚一點，也許我們可以讓精子要游的距離短一點，但這些方法都無法提升精子本身的受精能力。當然啦！無法受精的原因夫妻各占一半，可能是精子穿透力不足，也可能是卵殼太厚。這是一個矛與盾的問題，到底是精子這支矛太鈍，還是卵殼這個盾太堅硬？我們其實也不得而知。

但是，當我們利用顯微操作的技術進行顯微注射之後，矛與盾的問題都不復存在了。這個過程就像外強中乾的弱小精子，當搭載了鋼鐵裝備之後，再弱的矛也能穿透到再強的盾裡面，無法抵擋了。

小銘的故事告訴我們，當你什麼問題都找遍了，卻還是怎麼也無法成功懷孕的時候，或許就是精卵沒辦法自然結合，這就是人工協助生殖的高科技該出場的時刻了。還是那句老話，顯微注射確實可以解決絕大部分的受精問題，但我還是覺得，其實是換個老公比較快……。

Part.3

我懷孕了！九個產檢必考題

恭喜你即將成為爸媽！
孕期不只安胎，爸媽安心也很重要！
覺得產檢好複雜？服用這章秒懂他們在做什麼！

第一題

噫！我中了……驗孕成功後，先做這件事

恭喜你順利驗出兩條線！面對懷孕，孕媽咪在初期不免心情忐忑，該注意什麼？如何讓寶寶穩定長大？這一篇幫你整理好重點囉！

「威廉威廉，這樣有嗎？這樣有嗎？」

「嗯，我想兩條線就是兩條線，我的眼睛也沒有比較會看驗孕棒。」

「恭喜。」

「那……接下來呢？」

對，接下來呢？當你終於驗到兩條線的那一刻，你只可以高興一分鐘，然後接下來就要開始煩惱、擔心、憂慮、恐懼。尤其是那個曾經流產過的你。所以，當你終於驗到兩條線的那一刻，應該做什麼呢？

1 趕快查詢威廉氏後人粉專，獲取更多正確的資訊。

2 確定葉酸有補充，而且是正確的劑量。

3 視情況補充黃體素。

關於黃體素，在之前的課程裡，相信大家都已經了解它對著床的影響極大。不知道我在說什麼的，請去複習 Part 1 第三課《世上最難搞的窗口小姐！淺談著床這件小事》。

預防反覆流產，黃體素有幫助

錯誤的使用黃體素可能會干擾排卵、影響著床，但黃體素的補充卻又是那麼的重要。因此，正確使用黃體素就變成了「著床期—懷孕初期」一個非常重要的課題。二〇一七年的美國生殖醫學會期刊①中就有明確的指出，經過綜合分析了十個大型研究，一共一千五百八十六位懷孕初期的孕婦，針對的是曾經發生自然流產兩次或兩次以上的婦女。

其中「有」接受黃體素補充的人，和「沒有」接受黃體素補充的人做比較之後，發現從驗到懷孕開始到懷孕十二週為止，如果有妥善的補充黃體素，可以有效降低「不明原因」的流產，且流產風險下降百分之三十！而且對於胎兒沒有任何不良影響。一個這麼簡單的步驟，一個這麼平凡的舉動，卻能有著這麼令人驚嘆的結果。

能降低百分之三十的流產率厲不厲害呢？你知道ＩＶＩＧ（Intravenous immunoglobulin，免疫球蛋白）、小脈衝、大脈衝這些動輒幾十萬的療程，能使流產率下降多少嗎？不知道，因為確切的療效目前都還沒被完全證實。至於黃體素該怎麼補充，各種做法都有，有吃的、有塞的、有打的，效果都一樣好。

有效補充黃體素，怎麼做最好？

所以，如果你曾經有過兩次或兩次以上的自然流產，如果你今天剛好驗到兩條線，那就開始補充黃體素吧！怎麼補充、補充多少、補充多久？因人而異。怕暈的可以用塞的，怕塞的可以用打針的，怕打針的可以用吃的，都可以。怕暈、又怕塞、又怕打針的，我也不知道怎麼辦，可能只能先打昏再打針了。

原則上合成的黃體素比天然的黃體素更好，不過詳細的藥理我知道就可以了。其中最推薦，也是我個人最常用的黃體素補充方法為：每週一次的長效型黃體素油針，每週一次、一次一針（兩百五十毫克），方便、有效。吃的怕你忘記吃，塞的怕你越塞越癢，打針到身體裡面最確實。

這麼好的方法，費用卻低廉的可憐，大概每週幾張紅色的孫中山，希望能保佑你平平安安度過不能告訴別人的前三個月。

---

① 參考資料：“Supplementation with progestogens in the first trimester of pregnancy to prevent miscarriage in women with unexplained recurrent miscarriage: a systematic review and meta-analysis of randomized, controlled trials.” FertilSteril. 2017 Feb;107(2): 430-438.

第二題

期待與寶寶相見的那一天！預產期推算全面解惑

確定懷孕那一刻起，孕媽咪最想知道的莫過於寶寶何時出生？何時足月？關於預產期的那些事，就在這裡一次解說清楚。

今天來聊聊每個實習醫生來婦產科的必考題，產科的第一個問題——預產期怎麼算？「預」+「產期」，顧名思義，只是生產日期的預測、預估而已，其實……一點都不準！

真的在預產期當天出生了，也只是剛好而已（統計顯示只有百分之四的嬰兒剛好在預產期當天出生）。所以，預產期估計不準有沒有關係？原則上不要誤差太離譜，就「完全沒有關係」！對於早週數時所估計的預產期，正負一週的誤差都是可以接受的；對於中週數以上估計的預產期，正負兩週的誤差都是可接受的。

計算預產期，可以怎麼做？

也就是說，預產期是個非常不準的東西。但為了很多事情，如產檢、終止妊娠（小於二十四週）、早產兒、預約剖腹產的日子等等，預產期卻又那麼必要。因此，如果什麼都不知道，什麼機器都沒有，有些前輩們或許可以摸一下肚子就準確知道週數跟胎兒大小，但這畢竟已經是過去的故事了。

為了解救我們這些不成材的後輩，前輩們研發出各式各樣的方法來判斷預產期。先介紹從有人類歷史以來就有的方法——「最後一次月經計算法」。這是以最後一次月經來潮的「第一天」算起，再經過兩百八十天（四十週）即為預產期。古人所謂的懷胎十月，是因為當時一個月是二十八天。如果以現在常用的月曆，你可以試著一週一週往後數，數到四十之後就能算到你的預產期了！

要是覺得這樣很麻煩，可以用一個速算法，就是將「月」數減三、「日」數加七。但這樣計算必須有以下前提：月經週期為二十八天一次，且是在第十四天排卵、受精。數學不好的人也沒關係，坊間有無數種APP可以自動幫你計算。

以最後月經日計算，真的可靠嗎？

但其實最大的問題並不是數學不好，而是記憶力不好，很多時候準媽咪們根本想不起來最後一次月經是哪一天，還有研究指出，若單純只靠回憶，會發現很多人口述最後一次月經都是某月的十五日。另外，對於月經不規則的人，這也會是一個困擾，比方是三月經（三個月來一次月經）、季經、哺乳期、漏吃避孕藥、不催經不來月經等等狀態下懷孕的。到底哪一天才是最後一次月經的第一天呢？天真單純的產婦不知道，聰明的威廉氏也不知道。

有時候問產婦，常會聽到「我月經很亂，但應該是聖誕節還是跨年那天受孕的，這樣可以嗎？」之類的回答。好吧，也不是不行，反正預產期可以接受兩週的誤差，就當是你認為受孕的那日算起第兩百六十六天吧！做試管嬰兒的孕婦們，可以用取卵那天再加兩百六十六天或者看你植入第幾天的胚胎來計算。然而，這些計算日子的方法，準確率很難估計，深受你的記憶力、數學能力、月經週期影響。除了試管嬰兒那一群，這樣的方法誤差極大，因此必須用科學的方法做校正，而這也是我們頭幾次產檢最重要的任務之一。

了解寶寶發育狀況，精算妊娠週期的三種方法

一般在婦產科門診裡，常用的估算方法簡介如下：

方法1 胚囊平均直徑（MSD）估計法

在懷孕的四～六週可以看到子宮內的懷孕囊，平均胚囊直徑（毫米）加上三十，約等於懷孕「天」數。舉例來說，當受孕囊為五毫米時，代表目前約

「三十五天大」或「五週大」，這樣的估計法誤差可以控制在正負五至七天（誤差小於一週）。

方法 2　胎兒頭臀長（CRL）估計法

懷孕七週以上，理論上已可看到胎兒跟心跳，測量胎兒的頭臀長（公分）後，再加上六點五，即約等於懷孕「週」數。舉例來說，當胎兒身長為零點五公分時，代表目前約七週大，這樣的估計法誤差可以控制在正負七天（誤差小於一週）。

以上兩種方法是懷孕早期必須做的，準確率可以控制在正負一週以內，這時也差不多是你得到預產期和媽媽手冊的時候了。也跟各位說明一個觀念，預產期以越

精算妊娠週期的三種方法

方法 1 → 4～6 週
胚囊平均直徑（MSD）估計法
平均胚囊直徑（mm）＋ 30 ＝懷孕「天」數

方法 2 → 7 週以上
胎兒頭臀長（CRL）估計法
胎兒頭臀長（cm）＋ 6.5 ＝懷孕「週」數

方法 3 → 16 週以上
中後期預產期估計法
頭部橫徑（cm）＝懷孕「月」數

早期估計的越準確。好比說你本來在台北某連鎖診所產檢，後來因發現產檢把存款耗盡已無力負擔生產費用，而跑到台×醫院生產，後面接手的醫師一般會以懷孕早週數時估計的預產期為準。因為越後期估計的預產期就越不準，絕對不是因為後面接手的醫師嫌麻煩，而不幫你重算喔！

方法3 懷孕中後期預產期估計法

一般來說超過十六週以後，已經很難在一個超音波畫面中清楚量到整個寶寶的身長，我們變成得分段去測量胎兒各個地方做為成長的估計，最好用的是頭部橫徑（BPD），頭部橫徑（公分）約等於懷孕的「月」數。舉例來說，當胎兒頭徑為六公分時，代表寶寶差不多已經二十四週大了，而誤差大概可以控制在兩週以內。話說，足月兒的頭部橫徑大概九至十公分，你可以摸摸你的產道有沒有那麼寬呢？如果有，那你可能要更煩惱了！

當然，我們也可以合併測量頭圍、腹圍、大腿骨長，進而得到胎兒預估體重以及相對應的週數，但這種估計方法受眾多因素影響，畢竟不是每個二十八週大的小孩都有一樣大的頭、一樣大的肚子、一樣長的腿。因此如果頭大一點點、肚子大一點點、腿短一點點，有沒有不正常呢？你可以看看你先生是不是長這樣喔！

寶寶是早產或過熟嗎？足月的定義

學會了怎麼計算週數之後，我再簡單說明一下，所謂的早產、足月、過熟兒。「足月兒」的定義是滿三十七週以上，並不是要到預產期才叫做足月喔！至於「早產」，原則上未滿三十七週的活產都是早產，但是滿三十四週的早產兒，由於出生時的風險和未來的預後已經很接近足月兒，因此叫做晚期早產兒（late preterm），所以三十四週常常被視為安胎的終點。

另外針對「過熟兒（Post-term）」，相傳三太子哪吒是媽媽懷胎三年六個月才出生，我想如果這個故事是真的，可能是李夫人在生完老二木吒之後有持續在哺乳，或者她有多囊性卵巢、月經非常非常亂，所以最後一次月經日才會在很久很久以前。一定不是因為李靖去求仙求道，三年多沒回家之後忽然發現太太懷孕，然後李夫人才慌亂中表示，一定是在三年前的某一個夜晚懷上的啦……。只有這樣，才可能出現一個三年以上的預產期喔！

回歸正題，對於超過四十二週才誕生的小孩，我們叫做「過熟兒」，發生率大概是百分之二。不過，這樣的寶寶其實一點都不好喔！死亡率會是一般足月兒的兩倍，而且還有營養不良、羊水過少、胎便吸入的危險，所以常見的做法是預產期附近一週內即入院催生。

以上，聰明的你，學會怎麼計算預產期了嗎？

第三題

懷孕愛愛行不行？孕期性生活困擾大解析

成功懷胎是令人高興的喜訊，但隨之而來的卻是一連串千萬要小心的迷思，例如詢問度第一名的「孕婦可不可以有性生活」，你也擔心了嗎？

先聲明，以下純粹就「婦產科醫學」探討，懇請理性、勿鞭、非引戰。舉凡關於性行為頻率，例如一天幾次、還是幾天一次，或對象是先生、小王還是老李、是異性或同性、是人類、非人類生物、還是非生物，或者本國籍與外國籍丈夫是否有差？哪一種姿勢安全等等問題，因為沒有實證醫學根據，在這裡一律不談喔！

孕期性生活不用喊卡

首先就「性行為」一詞做定義，是指以男性性器進入孕婦之性器官內之行為，所以其他形式的性行為也因缺乏實證醫學根據，亦不在此次討論範圍之中。一樣先講結論，在西醫資料庫裡針對此議題只寫了一句話，也替這個問題提供了清楚明確的答案——Women can keep having sex during a normal pregnancy，翻譯成中文是「婦女在正常懷孕期間可以繼續性行為」，這就是標準答案。

沒有所謂懷孕前幾個月會流產的限制，也沒有所謂懷孕中期會破水、會早產的風險，也沒有所謂懷孕後期會催生的疑慮，若是正常的懷孕，整個孕期都是你的性愛期。回到婦產科教科書，課本寫的是「在一般健康的孕婦中，性行為通常是無害的」（In healthy pregnant women, sexual intercourse usually is not harmful），除非你有威脅性流產、前置胎盤、或者其它早產風險等等。而課本中也提及了以下兩個實證醫學的證據：

1 懷孕越後期，調查顯示性行為頻率越低。

2 在懷孕後期，性行為的頻率與最終生產週數無關。

孕期不需禁慾，性行為可以持續

關於上述第一點「懷孕越後期，性行為頻率越低」，頻率有多低呢？以三十六週的孕婦來說，有百分之七十二的人主述自己每週少於一次性行為。而減少的理由百分之五十八是由於慾望的降低（但課本沒說是女生的還是男生的慾望降低）；百分之四十八是由於擔心對懷孕的傷害。由此可見，懷孕期間性生活頻率的下降，可能有其生理性的因素，也有將近一半是心理性的害怕所致。

而我的這一篇文章最大的目的，就是要消弭各位不必要的害怕。當然沒有慾望的也不用勉強自己拚命做，只有先生有慾望的也不要用這篇去為難太太；至於慾望很強的你，只要記得「婦女在正常懷孕期間可以繼續性行為」這個結論就好。

再來，談到第二點「在懷孕後期，性行為的頻率與生產週數無關」，針對持續擁有性生活跟完全禁慾的兩群人，在最後的出生週數及是否需要催生等面向，是沒有不同的。也就是說，懷孕後期並不會因為性生活而造成早產的發生，當然也不會讓你就不用去催生喔！雖然我也知道你先生有前列腺，前列腺會分泌前列腺素；前列腺素在學理上有催生的效果，但我想可能是因為劑量不夠吧，所以並沒有真的達到催生的效果，當然也不用為了這個就拚命要先生提高次數來累積劑量喔！

妊娠期間不宜行房，是指這些族群！

如果還是不太清楚自己是否是屬於不適合性生活的一群，衛福部發給你的孕婦健康手冊裡寫得很清楚：

1 原則上不需禁止。

2 但若曾有早產、或流產症狀者，於懷孕最初三個月及最後兩個月宜暫停。

3 此次懷孕有子宮頸閉鎖不全或前置胎盤，或目前尚未足月但有出血或陣痛的，應禁止。

也就是說，除了曾有早產、流產病史、子宮頸閉鎖不全、前置胎盤、出血、陣痛等情況外，都是安全的，也沒有最初三個月和最後兩個月不行的限制喔！

另外，我知道你很幸運、先生三十公分起跳，所以若性行為過程中出現了子宮強烈收縮、不正常出血、嚴重下腹痛等情形，請切勿「戀戰」，應立即就醫喔！

產後多久可開機？視傷口狀況而定

至於產後何時開機，這也是常被問到的另一個問題。關於產後的性生活相關問題，因為產後會有會陰的傷口，無論會陰有沒有剪。產後總是會有傷口的（剖腹產的也是，傷口在肚皮上），這些傷口的狀況決定了產後恢復性生活的時間點，原則上二至六週是文獻提供的標準。

也就是說，恢復再慢的人六個禮拜傷口也完全好了，縫線也吸收完畢了，心情也調適完成了（文獻真的這樣寫，不是我亂加的），所以可以恢復原來的性生活。至於等不了這麼久的你怎麼辦呢？婦產科教科書說原則上產後兩週就可以恢復性生活，但仍要視傷口狀況而定。

比較麻煩的是，由於產後以及哺乳期間會有一段低雌激素時期（hypoestrogenic state），這是由於卵巢受到抑制又沒有胎盤的激素造成，所以產後性生活容易出現陰道乾澀的問題，這與生產無關，跟先生的技術、態度、他愛不愛你、你愛不愛他也都無關，純粹只是荷爾蒙的變化造成的，這時可以適度使用一些潤滑劑，或者使用陰道塗抹的雌激素乳膏做為治療喔！

所以，當你還在糾結著產婦不可以這樣，不可以那樣的時候，只要記得：無論幾週，無論白天黑夜，只要你沒有早產、流產病史、子宮頸閉鎖不全、前置胎盤、出血、陣痛等狀況，正常懷孕期間的性行為，是可以的喲！

第四題

唐氏症篩檢首部曲：認識第一、第二孕期唐氏症篩檢

「我有沒有可能生下唐氏症寶寶？」這是產檢的經典問題，尤其是高齡孕婦。接下來就來談談唐氏症的篩檢項目吧！

關於唐氏症篩檢，在開始本文之前，我先講結論：單抽四指標並不是一個最好的方法！要就做全套（初唐①＋二唐②），或做NIPT（Non-Invasive Prenatal Testing，非侵入性胎兒染色體檢測），儘量不要只單抽四指標！現代產檢的進步，除了超音波的進步之外，最大的突破點就在於篩檢唐氏症的工具不斷地推陳出新。

判斷寶寶有無唐氏症？先說羊膜穿刺

目前最好的「診斷工具」當然是羊膜穿刺，或絨毛膜採樣，再強調一次，這兩個叫做「診斷工具」，是「診斷」的準則，幾乎可以說是百分之百準確。羊膜穿刺是一個超過百年的老技術，而正式的傳統染色體檢查大約是六十年的歷史，話說在十九世紀什麼現代工具都沒有的時候，當時的人就已經會抽羊水了。

但是，羊膜穿刺一直有個致命的毛病，就是可能會破水、可能會流產，羊穿的併發症發生率差不多是五百分之一至三百分之一，或者更精準一點，也就是我們婦產科醫師的魔術數字「兩百七十分之一」，這個數字在這篇文章中將會一直反覆出現喔！

隨著年齡增加，唐氏症發生機率也越高

在進行說明之前，先跟各位說個觀念：威廉氏後人不是羅莉控、也不是熟女

控，本身沒有妹妹、也沒有姐姐，所以對於女性的年齡，我一向是沒有任何偏見或歧視的。但是！如果說到探討「婦產科醫學」，我必須要說「女人年紀大就是高風險」，請大家理性、勿戰！

女人的卵子品質被認為會隨著年齡逐漸惡化，除了從懷孕率、活產率、不孕症的比例上來看之外，我們可以從唐氏症的發生率來看，這裡並不考慮先生的年齡，所以可別以為找個年輕小鮮肉在一起就可以彌補喔！

以下我舉幾個年齡的分界點跟各位說明（沒有任何其他隱性涵義，請勿過度解讀），如果不做任何篩檢或終止妊娠的話，二十五歲孕婦生出唐氏症寶寶的發生率是一千零八十五分之一，三十歲孕婦生出唐氏症寶寶的發生率是七百三十分之一，三十四歲孕婦生出唐氏症寶寶的發生率是三百四十五分之一，三十五歲孕婦生出唐氏症寶寶的發生率是兩百六十分之一，四十歲孕婦生出唐氏症寶寶的發生率是六十分之一，四十五歲孕婦生出唐氏症寶寶的發生率是二十三分之一。不知道大家可不可以想像二十三分之一是什麼樣的概念？大概就是一班小學同學裡面，可能就會出現一個生出唐氏症的同學。

羊膜穿刺補助有限制，這數字是關鍵！

所以，聰明的你一定發現了，為什麼每個醫生都會說你已經高齡了（滿三十四足歲的孕婦），國健署建議考慮做羊膜穿刺，而且政府也補助你五千元！因為孕婦光就「年齡」這個因素而言，寶寶發生唐氏症的危險跟羊膜穿刺的危險就差不多了，即兩百七十分之一。

當然你一定會說，我三十歲，發生率有七百三十分之一，很高啊，所以我也要做羊穿！你也可能說我今年二十五歲，發生率是一千零八十五分之一，也太高到我沒辦法接受，我也要做羊穿！沒錯，這確實是一個做法，但是讓全台灣所有的產婦都做羊穿，並不

不同年齡孕婦生出唐氏症寶寶的發生率

孕婦年齡（歲）	唐氏症寶寶發生率
25	1/1085
30	1/730
35	1/260
40	1/60
45	1/23

見得是最好的方法。

這樣也許可以將唐氏症的發生率降到最低，但也會有許多無辜的孩子因為羊膜穿刺而消逝。所以抓破頭皮的婦產科前輩們就想，好吧！以兩百七十分之一當作分界點，風險比這個高的就做羊穿吧，而且國家出錢補助你！

第一孕期&第二孕期，唐氏症篩檢方法比一比

說完了羊膜穿刺（診斷方法），回到唐氏症的其他「篩檢方法」。如果我經濟無虞的話，NIPT系列是目前最好的「篩檢」方法，擁有最高的疾病偵測率（detection rate）百分之九十九點七。但是這檢查一次要一、兩萬塊台幣以上，多不多呢？見仁見智，至少我是覺得很多，若是以本國國內二十一至三十歲青年的平均月薪，僅兩萬六千六百一十四元來說，剛好這個月賺的錢可以付完產檢的掛號費和NIPT、高層次，然後餓一個月……。

所以，為了解決這些年輕、困窘的孕婦族群，政府決定改為補助便宜的初唐、

二唐做為手段，讓你不會發現他們不夠錢全面補助NIPT！所以接下來要開始向各位解釋初唐、二唐、頸部透明帶、四指標等檢測了。

聰明的婦產科前輩們發現，唐氏症的小孩跟一般的小孩不太一樣，除了染色體很明確多一條之外，又有各式各樣的不一樣，但好像也沒那麼不一樣，有時候又好像一樣，但又有點不一樣（有沒有覺得很煩？嘿嘿我故意的）。

除了外觀上的差異，唐氏症小孩在一些母體的抽血指標上會有所不同，至於為什麼會這樣，原因太複雜了，你只要知道會不一樣就可以。但就跟所有的風險因子一樣，它只是一個線索，所以沒辦法像羊膜穿刺那樣直接判斷染色體數目、外型，或者像NIPT能用次世代定序技術去回推染色體數目這麼精準。

揪出唐氏症！「初唐」測試準確嗎？

所謂的「初唐」檢查項目，包含超音波的頸部透明帶、母體抽血的PAPPA與free β-hCG兩個，然後利用大量過去得到的分析數字製成的軟體，回推出這樣的頸部透明帶、這樣的抽血值，唐氏症大概會是多少機率（哇！聽起來超不準的）。這概念大約就像用電腦統計過去眾多圖像去做分析，一張撲克牌上插著一支牙籤露出的一小點，然後電腦就會分析出可能是A、可能是4、可能是J這樣，其中必然會有出現很多誤差的可能性！

所以，第一孕期唐氏症篩檢，如果只照頸部透明帶不抽血，疾病偵測率只有百分之六十四至百分之七十八；如果只抽血不照頸部透明帶，疾病偵測率只有百分之六十四至百分之七十八……。我的天啊，爛透了，這麼爛的檢查還有存在的價值嗎？可以說只比丟硬幣正反面好一點點而已！但神奇的是，如果合併頸部透明帶和抽血兩者，疾病偵測率提高為百分之八十七至百分之九十二，好吧！也許差強人意，但還算可以接受（你考試考八十七至九十二分應該算可以接受吧）。

「二唐」四指標非NIPT，單做可能不夠

至於「二唐」檢查項目，包含了AFP、free β-hCG、E3、Inhibin A這四個抽

血指標，看不懂沒關係，只要知道因為是四個抽血指標，所以俗稱「四指標」。因為一樣是單純只有抽母血，所以我已經遇到太多人搞不清楚四指標跟NIPT有什麼不同。

沒錯，確實都是抽血，差異不大（我是說都是抽血痛的感覺差異）。實際差異只有兩個！第一，四指標大約兩千多元，NIPT大約一、兩萬元；第二，四指標的疾病偵測率是百分之七十至百分之八十六，NIPT的偵測率是百分之九十九！

什麼！單純抽四指標只有百分之七十至百分之八十六的疾病偵測率！這麼爛的檢查竟然還存在於這個世界上，而政府竟然還補助這個檢查！所以我「並不建議」「單抽」四指標！完全不建議喔！下次抽血前，記得搞清楚你為唐氏症篩檢所做的抽血，到底是什麼內容，不要再以為單抽「四指標」

初唐、二唐檢查什麼？準確率多高？

	檢查項目	疾病偵測率
初唐	① 超音波頸部透明帶 ② 母體抽血驗 PAPPA、free β-hCG	◆ 只做①②任一項：64～78% ◆ 做①+②：87～92%
二唐	四指標：AFP、free β-hCG、E3、Inhibin A	70～86%

就以為做了「NIPT」，拜託，真的不要再搞錯了！

對於那些拿不出兩萬元抽NIPT的人到底怎麼辦呢？目前最好的折衷方法，就是合併使用第一、第二孕期唐氏症篩檢，如果你乖乖配合第一、第二孕期唐氏症篩檢，可以讓疾病偵測率提升至百分之九十二至百分之九十七喔！比不上NIPT的百分之九十九，但也已經不錯了，而且便宜很多，所以政府就願意拿出補助。以台北市而言，初唐每案補助兩千兩百元，二唐補助一千元，等於政府拿出一個高層次的錢了。

什麼情況下該做哪種檢測？一次解析

至於什麼叫做乖乖配合第一、第二孕期唐氏症篩檢，是兩個都去做就好了嗎？不是！是這樣的，請經濟困難但年輕的你（未滿三十四歲），先於十一至十三週接受第一孕期唐氏症篩檢，你會得到一個分數，這個結果就是你的風險值。如果這個值大於或等於兩百七十分之一，麻煩你直接去做羊穿；如果這個值介於兩百七十分之一至一千分之一，那就再來做二唐；如果這個值小於一千分之一，就這樣了，下次產檢再見！

什麼意思呢？經初唐檢測出超過兩百七十分之一風險的人，就跟超過三十四歲的那些人一樣，是唐氏症「高風險」族群。當風險已經超過了羊膜穿刺本身的危險，就應該進行羊穿做確認。如果初唐風險小於一千分之一的人呢？婦產科醫師會認為這樣的低風險不值得再去冒羊穿的危險。當然，一千分之一、一千零一分之一、五千分之一等等的數字，在你心中可能是不同的意義。

所以，如果你風險小於千分之一，卻還是擔心那小於千分之一的風險，選擇要做羊穿，也沒人說不行，只是政府沒補助你五千塊而已。至於尷尬卡在兩百七十分之一至一千分之一中間的，就再來做二唐吧！看結果是怎樣。假如結果是大於或等於兩

我該做什麼檢測？

必做

懷孕
11～13 週
初唐篩檢

- ◆ 風險值≧ 1/270 →羊穿
- ◆ 1/270 ＞風險值＞ 1/1000
  →二唐（若二唐結果≧ 1/270，仍要做羊穿）
- ◆ 1/1000 ＞風險值　→低風險，下次產檢見！

百七十分之一，代表你又變成高風險了，得進行羊膜穿刺；若結果小於兩百七十分之一，那就這樣了，下次產檢再見，謝謝！

要做羊膜穿刺嗎？先評估你能承擔的風險

如果用這樣的方法，確實可以用比較少的成本（幾千塊），得到還算不錯的篩檢率（百分之九十二至百分之九十七），這就是為什麼政府的補助會以這樣的方式進行。對於唐氏症篩檢，目前大概有這幾種常見的做法，窮有窮的做法，富有富的做法，不願意承擔風險的有不願意承擔風險的做法，每個婦產科醫師應該都會這麼跟你說，在此我也不免俗的再講一次這個老梗。

初唐、二唐的結果就像紅綠燈，如果你屬於低風險（小於一千分之一），就叫做「綠燈」，綠燈走過去絕大部分情況沒事，但也不一定不會被三寶撞死；如果你屬於高風險呢（大於兩百七十分之一），就叫做「紅燈」，紅燈走過去是不是一定被撞死？也不是，就算是闖紅燈大部分時候也是沒事，但還是建議大家不要闖紅燈；如果你介於兩百七十分之一至一千分之一，就叫做黃燈，就等等吧，再檢查一下，看之後是變成紅燈還是綠燈再說。

標準的風險值我跟各位講了，就是兩百七十分之一，以此做為是否必須做羊膜穿刺的分野（也是政府補助的分野）。但你心中的風險值呢？我不知道，只能你自己好好想想了，是否需要為了小於千分之一的唐氏症風險，去冒兩百七十分之一的破水風險？或者是否需要為了小於萬分之一的唐氏症風險，去冒兩百七十分之一的破水風險？我沒有答案。

所以麻煩不要拿著初唐的報告來問我說：「ㄟㄟㄟ威廉醫生，我這個風險值要不要做羊穿啊？」

「你這個小於千分之一，應該可以不用。」

「真的嗎？如果生出來唐氏症怎麼辦？」

「好吧，那你還是來做羊穿吧……」

「可是羊穿不是也有三百分之一的破水或流產的風險，我好不容易才懷孕的耶！」

「那你還是不要做羊穿吧……」

「可是……如果生出來唐氏症怎麼辦？」

……（持續鬼打牆）。

麻煩不要再這樣為難你的產檢醫師了。

①「初唐」，又叫做第一孕期唐氏症篩檢，檢查時機點在第一孕期，即妊娠十一至十三週。

②「二唐」，又叫做第二孕期唐氏症篩檢，檢查時機點在第二孕期，即十六至十八週。

③本文參考資料：二〇〇七年美國婦產科醫學會公報 ACOG Practice Bulletin。

第五題

唐氏症篩檢二部曲：NIPT 到底是什麼？有哪些優勢？

過去，若想了解寶寶是否有唐氏症，最簡單就是做羊膜穿刺。但近幾年來 NIPT 這項檢測技術提供了另一項新選擇！

我發現有許多人並不了解 NIPT / NIPS / NIFTY / NIPS-Plus，到底在做什麼。先說這個 N 字頭、擁有一百種名字的檢查，可謂二十一世紀產科最偉大的發明之一！早晚一定會得諾貝爾獎！上述英文簡寫，都是指「非侵入性產前染色體篩檢」，只是用詞上的不同，在此我將用最簡化的方式為各位做說明。當然，由於過度簡化的關係，有些比喻若有不真切的地方，也請見諒囉！

檢測原則：先篩檢再診斷

開始說明 NIPT/NIPS/NIFTY/NIPS-Plus 之前，容我再次解釋幾個名詞：

1 **篩檢工具**（screening test）：篩檢使用，但不能確定診斷，也不能確定排除診斷，最終報告是某個機率值。

2 **診斷工具**（diagnostic test）：診斷準則，醫學上以此做診斷及排除，最終報告為 yes or no。

舉個例子，你今天看到一個穿著阿曼尼的壯漢，猜他應該很有錢。跟他在一起之後發現他從三歲起就擁有三千萬以上資產，如今存款、不動產等，不計其數。所以，他真的很有錢。

在這個故事裡，你看到穿著阿曼尼的壯漢，便猜測他有錢，這是有不有錢的篩檢，當然絕大部分情形，篩檢往往是準確的。而當有一天你得到他的財產清單，是白紙黑字的呈現，就是確定診斷了。所以，當我們使用一個篩檢工具，無論多準確還是可能有偽陽性、偽陰性這樣的誤差，此時我們要用一個診斷工具來做最終的確認、排除。

聰明的你一定會說，每一個人都直接用診斷工具，不好嗎？當然很好，只是任何事情都是要付出代價的，總不可能每一個無論看起來有錢不有錢的，你都跟他在一起看看吧？當然啦，你可以跟每個穿阿曼尼的壯漢在一起看看，畢竟那樣的人也不多，而且他們真的很有錢的機率也比較高。這就是我們的邏輯，針對所有人做篩檢，接著再對高危險的人做診斷，因為做診斷本身也有風險。

檢測準不準？淺談「偽陽性」、「偽陰性」

上面扯到了兩個名詞：偽陽性（false positive）、偽陰性（false negative）。是什麼意思呢？假如在情人節有寫卡片給你是一個檢查，而愛你是一種病，所以今年你先生有寫卡片給你，表示他真的愛你（true positive）；今年你先生沒有寫卡片給你，代表他也真的不愛你（true negative）。但以下兩種情形就要小心了：今年你先生有寫卡片給你，但他其實不是真的愛你，這叫做偽陽性（false positive），表示這個工具的「陽性結果」是「假」的！他其實不愛你！也就是說一般臨床上沒有患病者被篩檢工具判讀為陽性。如果你先生沒有寫卡片給你，但他是真的愛你啊，只是不善言辭而已，這叫做偽陰性（false negative），亦即一個確實患病的人，但篩檢結果都為陰性。

偽陽性和偽陰性，哪一種比較可怕呢？兩種都很可怕！試想，你先生沒有愛滋病但被快篩出HIV（+），跟你先生有愛滋病但被快篩出HIV（－），哪一種比較可怕？所以這時候就要做「確定診斷」，唐氏症也是這樣。任何一個篩檢工具都會附帶告訴你它的偽陽性率和偽陰性率分別為多少，好讓你來區分這個篩檢工具的能力如何。

染色體數目有無異常？抽血做 NIPT 便知道

回到 NIPT，因為原文名稱很長，所以常被各式各樣的縮寫所取代，反而讓人忘了它原來的好名字「非侵入性胎兒染色體檢測」。第一，它是「非侵入性」；第二，它檢測的是「胎兒染色體」。

我試著提出一個比喻，抽羊水的傳統染色體檢查，就像小學升旗典禮那樣，叫二十三對染色體排排站，班長一個一個看它們的服裝儀容是否正常。那 NIPT 不是也是染色體檢查嗎？差別在哪？最大的差別在於，NIPT 只能針對染色體的「數目」去做篩檢，對於數目不對的染色體非整倍體異常（aneuploidy），如唐氏症及某幾項常見的遺傳疾病，才有可靠的篩檢力。

為什麼呢？這要從他的原理說起，NIPT 是抽孕婦的血，從孕婦的血中分離出游離的胎兒 DNA（cell-free DNA），然後用次世代定序（聽起來超強的，沒錯！它真的超強的）去回推出每一個染色體的數目。

我舉一個小故事跟各位說明，假設某個家裡面有爸爸、媽媽、和小孩三個人，他們每天都洗澡，每次洗澡都換上新的衣服。然後有一個很變態的人叫做威廉氏後人，每天跑去他們家收集洗澡時脫下的衣服，發生了以下幾種狀況：

1今天拿到正常的男性服裝一套、女性服裝一套、童裝一套，得到「家裡有正常的三個人」結論。

2隔天他拿到男性服裝一套，但女性內衣褲變成了兩組，童裝還是一組。聰明的威廉氏後人於是推論：啊，今天爸爸是不是多帶了一個成年女性回家？

3後天很奇怪，只拿到女性服裝一套、童裝一套、男性上衣一件，所以威廉氏後人這樣想：咦？爸爸呢？想必是裸著上半身就被趕出家門了吧……。

這就是NIPT的原理，用母血中的胎兒DNA碎片，回推每一個染色體的狀況。如果二十一號染色體特有的DNA忽然變成別人的一點五倍，這時候就要小心是唐氏症（二十一號染色體有三個）；如果X染色體特有的DNA變成別人的一半，但又找不到Y染色體，這時就叫做透納氏症①。NIPT對於染色體數目的異常，有著卓越的篩檢功能！再強調一次，是染色體「數目」的異常，所以第一代的NIPT的篩檢疾病為T13、T18、T21及一些性染色體疾病而已。

高檢測率×非侵入性的胎兒DNA檢測

當然有經驗的你一定會說「才怪！NIPT不是還有檢查其他一堆疾病，像什麼小胖威利、天使人等等」，沒錯！令人敬佩的前輩們，除了從那些游離DNA中回推出了染色體的數目，還針對幾個常見疾病的DNA情況，做了特別的偵測。

回到剛剛那個故事，假設女生胸部太大是一種病，今天威廉氏後人收集到的換洗衣物裡面，正好出現了一個F罩杯的內衣，就可以合理推論回去：喔，這個家裡的媽媽有胸部很大這個病。這就是在游離DNA的蛛絲馬跡中去尋找疾病的概念，即NIPT的另一種應用。

以上的故事，除了告訴大家威廉氏後人很變態之外（原本我是想用肢解下來的屍塊回推兇殺案被害人總數的……），是想跟各位說明NIPT的來由和極限。在臨床應用方面，再次提醒NIPT有著很大的優勢：非侵入性、疾病偵測率百分之九十九，但也有它的極限。以唐氏症而言，偽陽性率為百分之一點零一，偽陰性率為百分之一點四，而且只能針對特定幾種疾病才有檢測力。

所以NIPT確實優於一般的初唐、二唐，因後面兩個診斷工具是利用其他證據，例如頸部透明帶、抽血值，在統計下用電腦程式回推唐氏症發生機率。但NIPT是直接對染色體數目做偵測，對於染色體「數目異常」的情況，有很好的偵測能力。

NIPT診斷率準確嗎？是否可取代羊膜穿刺？

NIPT目前被認為偵測率（有病胎兒真正抓出來的比例）為百分之九十九，但也有著百分之一點零一的偽陽性率（沒病的胎兒被檢查出有病），以及百分之一點四的偽陰性率（有病的胎兒被檢查成沒病）。但比起其他唐氏症篩檢方法，像是初唐、二唐、超音波軟指標等，有著超過其他工具的能力。

那麼，NIPT跟羊膜穿刺誰比較準？羊膜穿刺是「診斷工具」，而非「篩檢工具」。也就是說，任何其他篩檢出來的高危險群，都需要經過羊膜穿刺做最後的確診。原則上，羊膜穿刺被視為準確率百分之百，除非出現實驗室異常、檢體錯誤、檢體不當處理等等狀況。由於羊膜穿刺是直接得到胎兒染色體做數量、型態的分析，目前仍是胎兒染色體非整倍體疾病的診斷準則。

也許有人會問：「我不喜歡風險，直接做羊穿可行嗎？」沒有不行，只是還是要提醒各位，羊膜穿刺有三百分之一至五百分之一的風險，我的建議是先做其他篩檢。如果風險值有夠低（當然多低對你來說是低，我也不知道，見仁見智），就應該把羊膜穿刺的風險考慮進去。

如果你已經確定要做羊穿了，原則上可以不用做NIPT，假設錢不是問題，想做也沒有不行，可以提早診斷，早點安心。畢竟就像我的一個很尊敬的前輩說的，二十週和十三週的距離到底有多大？能提早知道又沒什麼風險。不過要多花錢，而且不少。

至於大於三十四歲的高齡孕婦，當醫師建議做羊穿時，能用NIPT取代嗎？目前仍在研究中，也正在朝此方向努力，但是還沒有這樣的明確建議出現。至少就國健署的建議來看，高齡產婦還是應該以羊膜穿刺做為診斷工具，不建議單做NIPT取代。

這五種狀況，不宜使用NIPT進行檢測

另外，在某些情況下，NIPT容易出現誤差，原則上就不建議做了：

1 雙胞胎或多胞胎的孕婦：雙胞胎目前分為兩派爭議中，但至少美國婦產科醫學會仍持反對態度。

2 雙胞胎妊娠，但其中一個萎縮：因無法知道哪一個異常，所以無法做。

3 懷孕週數未達十週：這是因為體內游離DNA不夠多的緣故。

4 孕婦體重過重（超過八十一公斤）：同樣的，是體內游離DNA比例不夠的關係。

5 孕婦本人就有染色體變異：因無法得知異常的DNA訊號是媽媽的原因，還是胎兒的。

---

① 一般女性四十六個染色體中有兩個X染色體，透納氏症患者的X染色體會少了一條，或其中一條X染色體有構造上的缺損，導致患者雖外型是女生，但有其他健康問題。

第六題 唐氏症篩檢三部曲：傳統羊水、羊水晶片，該怎麼選？

懷孕期間想了解胎兒健康，預防寶寶生病，面對林林總總的檢驗方式，卻不知道如何選擇？

針對唐氏症篩檢，目前剩這最後一塊拼圖——羊水晶片。關於羊水晶片，我之前一直不願意寫，因為這個題目相當困難。我一直在想，要怎麼讓一般民眾了解傳統羊水、傳統晶片、SNP晶片，又該如何選擇。

由於染色體遺傳疾病千百種，要完整說明是不可能的。接下來我會用一個比喻來說明，讓你更容易理解。也許有些微的失真，又或許明天就會有第三代、第四代晶片問世。而針對每一塊晶片的細部差異，各家廠商也有各自的說法，我想就由各位再自行斟酌了。以下，我只做原理的說明。到底要怎麼選擇，就看你跟先生的經濟狀況，以及對疾病的恐懼程度而定。

染色體檢查比一比：羊膜穿刺vs羊水晶片

當高齡產婦這個名詞套用在你身上的時候，當被告知初唐結果是高風險的時候，當NIPT的不確定性讓你動搖的時候，我們會選擇羊膜穿刺。那麼，是單純羊膜穿刺就好？還是單做羊水晶片就好？還是兩個都做？這是一個困難的抉擇。

說到人類的染色體軀，就像這禮拜我帶我女兒去上學，在小學開學的升旗典禮上，一個一個小朋友排排站，一共四十六個小朋友，其中男生一號至二十三號、女生一號至二十三號，兩兩一組站好，一半是男生（來自父親的染色體），一半是女生（來自母親的染色體）。每個同學都穿著繡上自己座號的帽子、制服、褲子、和鞋子，準備前往操場升旗。

在班導是男老師的班級上，因為男老師排座號時糊裡糊塗地亂排，所以排到最後一號的時候，發現有個超矮的男生配了一個超高的女生（46, XY）。班導是女老師的就不一樣了，做事情比較謹慎，學生一共二十三排，每一排都長得差不多高，整整齊齊的，兩兩成對（46, XX）。

傳統檢查，幫你揪出染色體構造異常

傳統的染色體分析，就像班導師一個一個點名、服裝儀容檢查一樣。

一號：有！

帽子有戴！衣服有穿！褲子有穿！鞋子有穿！

老師說：很好！

二號、三號、四號這樣一直下去。

如果多了一個同學，或者少了一個同學，正常的老師都應該馬上會知道。如果第二十一排的同學多了一個，就是唐氏症（第二十一對染色體多一個，即細胞內有四十七個染色體）。這也就是為什麼羊膜穿刺針對唐氏症，可以說幾乎是百分之百的診斷力。因為多了一整條染色體，一字排開之後，再怎麼樣也應該看見了。

如果最後一排的同學少了一個，只剩一個高高的女生，就是透納氏症（45,XO）；如果哪個同學帽子沒戴或鞋子沒穿，就是「染色體大片段缺失（Deletion）」；如果哪個同學的帽子戴反了，即為「染色體反轉（Inversion）」；如果哪個同學帽子戴了兩頂，就是「染色體重複（Duplication）」；如果張姓小朋友的帽子跟李姓小朋友的帽子兩個人互換了戴，這種情形叫做「染色體轉位（Translocation）」。

眼睛再怎麼大的老師，都應該能看出班級同學的人數或者明顯的服儀問題。這樣的狀況，我們叫做「巨觀」的染色體變異。通常班上多一個人或少一個人，如此嚴重的出錯，往往也會形成嚴重的問題。所以「染色體數目」出錯的情況，問題通常很嚴重，而這也是NIPT有能力判斷的主要疾病類型。

至於染色體缺失、反轉、重複、轉位的情況，看你受影響的片段大小跟位置，會決定不同的臨床症狀。比如說第二十一排的小朋友，莫名其妙帶著一個超大的假人頭來上學，變成雖然第二十一排還是只有兩個小朋友，卻看起來有三顆人頭，還是會被老師視為唐氏症（真實世界也確實是如此）。所以升旗典禮小朋友排排站的服儀檢查，就是傳統染色體檢查，對於染色體數目異常或者某染色體巨觀的變異，有著非常好的診斷力。

察覺染色體微小片段異常，晶片才能做到！

開學典禮後的第一天要上體育課，而今天是游泳課。所有同學把帽子、制服、短褲、跟鞋子都丟進大籃子裡，雖然每一件帽子、衣服、褲子跟鞋子都有繡上座號，但全都亂成了一團。有神經病和戀童癖的校長威廉氏後人，這時偷偷把一件件衣服、褲子、帽子、鞋子按照名牌座號順序，再一一用放大鏡檢查。

喔！三號女同學的衣服上有早餐的污漬！

喔！五號男同學的帽子破了一個洞！

喔！十號男同學的褲子口袋怎麼多一個！

類似這樣，把每一個同學的每一個部分，非常神經質地透過放大鏡一一檢查，能夠比班導師用肉眼抓到一些「更微小」的異常。不管是微小的缺失、微小的重複、還是微小的變異，都能夠被診斷出來，這就是羊水晶片的分析方式。

傳統染色體只能看到五百萬個序列長度以上的變異，而羊水晶片只要兩萬個序列長度左右的變異，就能看出來。你可以想像成：解析度大到5MB的圖，眼睛才能看清楚；而檔案小到20KB的圖，眼睛根本無法看清楚，需要靠放大鏡才能略知一二。

當然，越高解析度的晶片，就像變態校長威廉氏後人用放大倍率越大的放大鏡檢查一樣，能看出越小的變異。另外，就像小朋友的衣服領口最容易髒，所以變態校長會特別專注去檢查領口。既然知道某幾個點特別容易出錯，就會格外針對易形成疾病的點位做放大和分析，因此羊水晶片能比傳統染色體診斷出更多的罕見疾病。

現今已知許多微小染色體缺失的疾病，如小胖威利症候群、天使症候群、迪喬治症候群、貓哭症候群等等幾十種，用基因晶片就可以很容易地被檢查出來。

運用SNP晶片，可額外檢測「單親二倍體」疾病

接下來，簡單講一下新一代晶片SNP晶片，原理是什麼一點都不重要，總而言之，它就是能分辨你的某一條染色體，是來自爸爸還是來自媽媽。就好像班上的同學排排站，第一排：一個男生、一個女生，第二排：一個男生、一個女生，以此類推，這樣的情況是正常的。

但要是哪一排忽然出現兩個男同學，就有問題了，這種情形我們叫做「單親二倍體」，就是說這一對染色體都是來自爸爸，或都是來自媽媽。舉例來說，如果第十五對染色體兩條都來自媽媽，儘管染色體數目、型態、全部都對，還是會造成小胖威利症候群。

但是齁，分辨一條染色體是來自爸爸還是媽媽，這件事情非常困難，傳統染色體分析做不到，傳統羊水晶片也做不到，只有SNP羊水晶片才做得到。就好像男生制服跟女生制服其實一模一樣，班導師用肉眼分不出來，變態校長用放大鏡也分不出來，除非用了附有紅藍光顯影的特殊放大鏡，才能得知原來呈現藍光的是男同學的上衣，呈現紅光的則是女同學上衣。也正因為如此，才能夠按照號碼去確定

哪個號碼是不是出現了異常，例如第十五排出現兩個女同學的情形。

所以，SNP晶片的強項在於多識別出「單親二倍體」的存在。當然還有一種極其罕見的情況「全三倍體」，舉例來說就是每一排都站了三個人，一共有六十九個小朋友，這也要SNP晶片才看得出來，傳統晶片看不出來。不過這種情況太少見，且胎兒也無法存活，同時在傳統染色體檢查中根本一目瞭然，所以我就不再更深入討論。

單做羊水晶片，無法完全取代傳統染色體檢查

說到這裡，很多人會問我說，那幹嘛不都單做羊水晶片就好了，為什麼還要做傳統染色體檢查？嗯，儘管變態校長威廉氏後人用了很厲害的放大鏡，也確實每一件衣服、每一條褲子、每一個帽子、每一雙鞋子都仔仔細細看過了，還是有兩種情況會看不出來，需要班導師檢查才知道的。那就是張姓小朋友的帽子跟李姓小朋友的帽子偷偷互換的情形，或者是五號小朋友帽子反過來戴這種狀況。

以上兩種分別稱做「平衡性轉位」以及「平衡性反轉」。因為帽子總數一樣，小朋友總數也一樣，當每個小朋友脫下帽子後，一個一個用放大鏡檢查衣物配件時，反而會漏掉這些情況。正因為晶片檢測有這種見樹卻不見林的缺點，所以單做羊水晶片還是沒辦法完全取代傳統染色體檢查。

如果你問我，羊水晶片要不要做？如果要做，該怎麼選擇？我會很直白地跟你說，羊水晶片比傳統染色體看得更細，能診斷出更多罕見疾病，但這些疾病都極其罕見，發生率都在萬分之一以下。

然而，由於你已經承擔了抽羊水的風險，無論做不做晶片，破水的風險都一樣，要是兩萬多元對你來說不大的話，就毫不猶豫地去做晶片吧！如果你覺得，我只要確定不是唐氏症，我只要確定不是太嚴重的染色體異常就好，那些罕見疾病就算了，應該也沒那麼大機會碰到，那麼傳統的染色體分析便足夠了。

碰到這種狀況，父母的染色體也要一併檢查

最後，一定要提一下的是，當羊水晶片解析度越來越高的時候，常常會出現一些不知道會不會怎麼樣的結果。比方說，十六號小女生的衣服上有一點污漬、九號男生的鞋子破了一個小洞、二號女同學褲子有三個口袋……。除了已知會形成疾病的特定區段之外，要是晶片發現了其他少見的變異，到底會不會怎麼樣？

通常啦，這時候去世界級的大資料庫裡搜尋「九號男孩的鞋子有破洞」，可能會得到這個小孩以後比較粗心大意、注意力不足、過動、學習較為遲緩、閱讀障礙之類的分析。但是齁，有問題的人才會被回報上去，沒問題的人就默默地繼續長大成人。意思是，有可能這段區域的變異，根本不會怎樣，還是繼續活在你我周遭。不過，只要你查了資料庫，幾乎都是負面的消息就是了。

所以，如果遇到這種不確定的區間變異，我們建議要檢查爸爸跟媽媽的染色體。如果爸爸或媽媽其中之一也有相同的變異，表示這個是遺傳你或你先生，既然你們能長大成人、結婚生子，已經算是很健康了，常常就會被視為沒什麼影響的正常變異。但如果小孩的爸媽都沒有這段變異的時候，怎麼辦呢？嗯……我也不知

道，先問你到底跟誰懷的吧？如果真是跟你老公懷的，那就是新突變的形成，這導致疾病的機會就大增了。

羊水晶片的問題千百種，非常非常之複雜。講也講不完，只能盡量讓各位了解目前的檢查方式。另外，我也很害怕，害怕這篇寫完，所有的媽媽們都要做羊水和羊晶了，這也是不對的，那我就太對不起那些因此流產的健康寶寶了。

另外，我常想，如果你拿我的染色體去跑晶片，應該也會發現一些奇奇怪怪的片段吧！所以我才是我啊，不是嗎？

---

①本文參考資料：婦產科教科書、Am J Obstet Gynecol. 2016 Oct;215（4）：B2-9. The use of chromosomal microarray for prenatal diagnosis.

第七題

唐氏症篩檢四部曲：初唐高風險群，直接羊穿還是先抽血？

已經有超過一百位以上的高齡或初唐高風險孕婦，曾提過這樣的疑問，以下，將透過一份具有公信力的實證醫學證據，跟大家分享！

我過去一直希望針對這個問題寫一篇完整的解答，由於我非常清楚它的重要性。可是之前始終沒有很好的文獻或證據能夠解答。我再次重申我的出發點，這些文章在於儘可能降低醫病雙方的資訊不對等，而產婦們獲得充足資訊之後，要如何做取捨，還是要看每個人對於風險的評估判斷。

羊穿做與不做，照著產檢準則走就可以嗎？

如果我說，就依照國健署的建議，毫無懸念的去抽羊水吧！如此一來，就免不了有少數的人因此破水，然後永遠悔恨自己為什麼要省下NIPT的錢，當初去抽NIPT不就好了嗎？

如果我說，那就先抽NIPT吧！結果NIPT異常的，那還簡單，我想再去抽羊水不會有任何爭議。但如果NIPT顯示說正常或低風險，怎麼辦呢？還抽羊水嗎？還是就不抽了嗎？可是NIPT不是已經說沒事了嗎？雖然NIPT的偽陰性不高，但還是有可能啊，如果小孩真的是唐氏症，怎麼辦呢？你會有多後悔沒有乖乖按照國健署建議去抽羊水呢？

以上種種對話，我已碰過無數次，鬼打牆、牆又打了鬼，永無止境的迴圈，很困難、真的很困難，因為承擔破水風險的是你，承擔生下異常胎兒風險的也是你。醫生只要把媽媽手冊上的文字唸給你聽，就鐵定沒事了，至少法律上你告不了我。

根據國民健康署於民國一百零六年六月出版的孕婦健康手冊，第四十一頁提到「專家建議年齡滿三十四足歲之孕婦，曾生產過染色體異常胎兒，或家族成員有染色體異常者，可直接接受羊膜穿刺術檢查以診斷胎兒是否為唐氏症患者；而三十四歲以下的孕婦則可先接受唐氏症篩檢，唐氏症篩檢結果若為高風險者，則應進一步接受絨毛取樣或羊膜穿刺檢查，以確定胎兒染色體是否異常。」

從臨床研究看NIPT的應用

不過，醫生真的這麼好當嗎？如果我們對初唐結果高風險的人先做NIPT，會怎麼樣呢？無論是高齡，或是初唐檢測做出來為高風險的孕婦，究竟應該直接抽羊水，還是可以先做NIPT再評估是否需要羊穿呢？這是一個非常重要的問題，也是一個非常困難回答的問題。接下來引用的，是二〇一八年八月刊登於美國醫學會期刊《JAMA》的研究①，我想絕對有相當的公信力及重要性。

順帶一提，在自然科學的期刊中，用字越簡單的，通常代表它越具公信力，如《自然（Nature）》或《科學（Science）》。在醫學期刊中，最簡單的字就是醫學（Medicine），最具代表性的像是《新英格蘭醫學期刊（NEJM）》，和美國醫學會期刊《JAMA》，兩者縮寫中的M字就是Medicine。

這份研究的對象是法國共五十七家醫療院所，全都屬於初唐高危險族群的兩千多位孕婦。她們的平均年齡為三十六歲，大於或等於三十五歲者占百分之六十七，大於或等於三十八歲者占百分之四十六，其初唐風險值落在五分之一至兩百五十分之一。

針對這兩千多位的唐氏症高風險孕婦，再「隨機」分成兩組，一組直接去抽羊水，一組先接受NIPT檢查。如果NIPT顯示為高風險，再進行羊膜穿刺；若NIPT顯示為低風險或正常，就不再進行羊膜穿刺。

這是一個很大膽、很瘋狂的實驗，我夢寐以求但永遠也不敢在台灣進行這樣的實驗。或許就是如此突破性的研究，才能刊登在美國醫學會期刊《JAMA》，提供所有其他想這麼做實驗，卻沒辦法的醫師做參考。

好，結果如何呢？先說羊穿組，扣除掉中途退出實驗的人，一共九百八十二位，平均的初唐風險為一百五十七分之一。最後有三十八位確診為唐氏症（百分之三點九），有十一位診斷出非唐氏症的其他染色體異常（百分之一點一），有八位不幸流產（百分之零點八），有九位發生胎死腹中（百分之零點九），最終順利活產下來的比例為百分之九十四點一。

羊穿組沒什麼稀奇的，因為這是我們大部分台灣醫師熟悉的路線。有趣的是另外NIPT這一組，扣除掉中途退出實驗的人，一共一千零一十五位全部接受NIPT檢查。後來有八十四位為高風險（百分之八點三），因此也只對這八十四位進行了羊膜穿刺，抓出二十七位唐氏症，檢出率為百分之百，最終NIPT組也沒有漏掉任何一個唐氏症，一共抓出二十七位唐氏症（百分二點七），也抓出一位為非唐氏症的其他染色體異常（百分之零點一）。

如果你只看到這裡，一定會覺得NIPT確實神奇，對初唐高風險的族群全面採用了NIPT檢查，並沒有漏掉任何一個唐氏症。但在一千個孕婦中，卻減少了幾百位的羊膜穿刺。更精彩的還在後面，針對NIPT組的最終統計，有八位不幸流產（百分之零點八），有九位發生胎死腹中（百分之零點九），最終順利活產下來的比例為百分之九十五點一。

咦，這組數字怎麼有點熟悉？NIPT組確實有效地減少許多的羊膜穿刺，但並沒有減少任何一個破水、流產、胎死腹中的孕婦。不是都說羊穿會危險、會破水、會胎死腹中？明明少抽了那麼多人，結果一點也沒改變。

眼尖的你一定會說，可是你看最終活產率，NIPT組是百分之九十五點一，羊穿組是百分之九十四點一。不過，這中間差異的百分之一，並不是減少羊穿所保護到的小孩，而是羊穿多診斷出約百分之一的非唐氏症染色體異常。

先做NIPT再做羊穿，無法有效降低流產率

看到這裡，我不禁再次由衷地佩服我們的產檢技術，NIPT的檢出率確實如先前所說的，非常高。我之前說是百分之九十九點七的準確率，而這個實驗中是百分之百，所以NIPT確實準確，一千個唐氏症高風險的孕婦並沒有漏掉任何一個唐氏症。

NIPT也的確減少了許多抽羊水的產婦，但令人意外的是，那麼多人沒有去抽羊水，破水跟胎死腹中的比例並沒有明顯下降。另外，更重要的一點，是羊膜穿刺組還提供了其他非唐氏症染色體異常的診斷力。

這篇文章的作者在最後的結論中寫道：經過兩千多人的大規模分組研究，針對

唐氏症高風險的族群，如果你先進行ＮＩＰＴ，再選擇性地進行羊膜穿刺，並沒有辦法有效降低流產率①。

所以，如果你問「我是唐氏症高風險族群，要選擇做ＮＩＰＴ還是直接抽羊水」，依據這篇研究，我會跟你說，目前看起來ＮＩＰＴ對於唐氏症的診斷是可以信任的，但是羊膜穿刺的優勢在於可以抓出其他非唐氏症的染色體疾病；至於破水風險，兩種選擇的結果其實是差不多的。

當然啦，臨床情境千百種，我也沒有標準答案，僅提供研究數據給你參考，剩下的還是需要自己去衡量才行。

---

① 參考資料：Effect of Cell-Free DNA Screening vs Direct Invasive Diagnosis on Miscarriage Rates in Women With Pregnancies at High Risk of Trisomy 21A Randomized Clinical Trial JAMA. 2018;320（6）：557-565.

第八題

唐氏症篩檢終部曲：完整解析！七大唐氏症產檢

經過前面幾篇，你是否真正搞懂唐氏症篩檢了呢？希望這篇總結能提供迷失在篩檢十字路口的你，一些正確的指引方向。

對我來說，產檢其實很簡單，如果你把產檢看做一份考卷，裡面其實只有三種題目：

1 **「送分題」**：基本上健保給付的項目，全部都做就對了，至於到底做了些什麼？都正常的話，搞不清楚似乎也沒什麼關係。

2「**是非題**」：大部分的自費項目屬於這一類型，其實你只要單純考慮C／P值，幾百塊的加減做，幾千塊的看一下存摺，再考慮要不要做就可以了。這類型檢查通常都沒什麼風險，最多就多花了點錢，多抽了幾管血而已。

3 **唯一的一題「選擇題」**：也是產檢中真正需要動點腦筋的，就是「唐氏症篩檢」應該怎麼做才好，這不只是一題選擇題，還是一題多選題。

你可以單做初唐；你可以直接抽羊水，你也可以先做初唐，再猶豫下一步怎麼做；你也可以同時做初唐、做NIPT又抽羊水，當然這樣花錢又冒破水的風險就是了。對於不同的族群，又有著截然不同的答案。

七種常見的唐氏症篩檢方式

唐氏症篩檢相當複雜，一共有七種常見的方法，分別是：

1 年齡法。

2 第一孕期唐氏症篩檢＝「初唐」。
3 第二孕期唐氏症篩檢＝「二唐」。
4 NIPT/NIPS/NIFTY ＝「非侵入性胎兒基因檢測」。
5 超音波軟指標法。
6 羊膜穿刺。
7 絨毛膜採樣。

首先，年齡決定法是最簡單的，基本上卵子年齡幾歲，唐氏症風險就多少，對照表格就知道了。值得一提的是，除了唐氏症風險之外，其他許多遺傳疾病也和年紀有關，在此提供幾個常見年紀與對照讓各位參考。（見下表）

這裡的年紀，指的是「卵子年齡」，也就是說如果你是幾年前冷凍的胚胎或卵子，或者

卵子年齡對應唐氏症及疾病總風險

年齡	唐氏症風險	所有基因遺傳疾病總風險
25 歲	1/1250	1/476
30 歲	1/952	1/385
35 歲	1/250	1/192
40 歲	1/100	1/66
45 歲	1/30	1/20

是高齡女性跟其他捐贈者借卵者，一切以「卵子年齡」為準，不考慮子宮年齡喔！也就是說，四十八歲的女生如果用二十歲的卵，唐氏症風險其實很低，因為是以二十歲來計算。

照到寶寶有異常，超音波軟指標這樣看！

初唐、二唐、NIPT、羊膜穿刺、羊水晶片，這些在前面文章中都有詳盡的說明了，在此就不再贅述。其中，有鑑於大家都不熟悉超音波軟指標法，而且，我相信有不少人一直在「心臟小白點」或「腿骨較短」是否為唐氏症的問題上，曾陷入無限的煩惱之中。

比方我最常收到類似的提問：「威廉醫生你好，我初唐低風險，二十九歲，但超音波發現心臟有小白點，請問我應加抽NIPT或抽羊水嗎？」這是一個超級萬年考古題，但我還是會一直碰到這樣的提問。所以，我決定直接把公式提供給大家，請自己練習計算看看囉！

如果你本來初唐的風險是一萬分之一，你在高層次也只發現「單一一個」心臟小白點的問題，你的風險就變成一萬分之一點一，那當然並不需要特別擔心。但如果你同時出現多個不正常的現象：頸部又厚、手又短、腳也短、心臟也有小白點，又只有做過二唐的話，我就會強烈建議你應該去抽羊水。

這是一個風險疊加的概念，如果你老公只是某一次電話沒接到，這是否暗示他有小三呢？通常這只是一個「意外發現」，不代表什麼。但如果你老公常常不接電話、手機待機畫面是別人的照片、半夜常常不明原因出門，這樣你再高度懷疑你老公不遲。

所以，各位不要再為了一個心臟小白點半夜睡不著覺了，很低的風險乘上一點一倍

不同異常項目對應風險比例

異常項目	唐氏症比例	正常比例	單一項目風險倍數
頸部增厚	33.5%	0.6%	9.8
肱骨過短	33.45%	1.55%	4.1
腿骨過短	41.4%	5.2%	1.6
腎盂水腫	17.6%	2.6%	1.0
心臟白點	28.2%	4.4%	1.1

之後，還是很低的風險，就像在便宜的餐廳多付了一成服務費，還是很便宜的。

哪一種檢測準確度最高？

接下來，為了讓各位知道超音波軟指標法，在所有唐氏症篩檢中的準確度，這邊簡單提供各種檢查的偵測率，意思是如果你小孩真的有唐氏症，單用這個方法抓出來的機率是多少。

從表格可清楚看出，目前針對唐氏症的篩檢，單用超音波或單做二唐，是準確率較低的作法，準確率低於九成。

至於大家第二常問的：如果已經確定

不同檢查方式的疾病偵測率

檢查方式	疾病偵測率
羊膜穿刺與絨毛膜採樣	≒ 100%
NIPT	99.7%
初唐加二唐（二階段流程）	92 ～ 97%
初唐	87 ～ 92%
二唐	70 ～ 86%
超音波軟指標	68 ～ 73%

要抽羊水、或者已經決定要抽NIPT，是否還需要做初唐？我在這裡提供一個很重要的資訊給各位，在二〇一六年一個大型研究中指出：在接受初唐檢查的五萬五千一百一十三個產婦裡，其中「頸部透明帶大於三點五毫米」有三百四十一人，在這之中有一百六十四個胎兒確定染色體異常，占百分之四十八點一。值得一提的是，另外一百三十九個染色體正常的胎兒，仍有二十八個結構異常，占這些染色體正常孩子的百分之二十點一！

也就是說，羊膜穿刺跟NIPT固然有其強大的準確率，但它們針對結構的問題並沒有任何診斷力。因此，如果是已經確定要抽羊水或NIPT的媽媽們，我仍舊建議，應該接受「初唐的超音波部分」檢查，才能夠彌補羊穿或NIPT對結構異常無法診斷的不足。

當然你會說，二十幾週再照高層次還不是一樣可以測出來，是沒錯啦！但我還是認為，很多問題其實是能更早發現，比如說嚴重的無顱畸形、斷臂殘肢、胎兒水腫等等問題。

雙胞胎、多胞胎，NIPT也能篩嗎？

至於如果你想知道更多關於雙胞胎的問題，首先，初唐跟羊穿是一定可以使用，這個沒什麼問題。唯一困難的是，NIPT對於雙胞胎到底是否可行？首先，同卵雙胞胎是確定不受影響，畢竟兩個孩子的染色體組成完全相同；至於異卵雙胞胎，目前NIPT的唐氏症偵測率為百分之九十八點二，因此原則上是可以。

但若是跟一般單胞胎相比，其實更容易出現檢驗失敗，比例大約是百分之二十四點五和百分之二點一這樣的差別。原因是可能出現雙胞胎DNA碎片比例落差懸殊，比如說A寶百分之八，但B寶只有百分之一，這樣就無法發報告。當然通常這樣的情況，NIPT廠商應該要退錢給你，然後你就乖乖去抽羊水吧！

另外，如果是多胞胎合併胚胎萎縮，則完全不適合NIPT。因為，如果一個萎縮一個存活，NIPT報告顯示一個正常一個唐氏症的話，沒有人可以告訴你是否確定是正常的那個存活，而不是唐氏症那個。所以，如果是多胞胎合併胚胎萎縮，NIPT就完全不要考慮了。

胚胎切片沒問題，就不用擔心唐氏症？

最後一個常見的問題，叫做「胚胎切片（PGS）後是否仍需要做唐氏症篩檢」的問題，這是非常嚴重的錯誤迷思。身為同時擁有婦產科專科、高危險妊娠專科跟人工生殖專科醫師執照的我，必須再三跟各位強調：根據美國生殖醫學會及歐洲生殖醫學會共同的聲明，由於進行胚胎切片時的位置是胚胎外殼，也就是未來發育成胎盤的地方，並不是在未來發育成胎兒的內細胞團上，因此胚胎切片結果對於胎兒的情況仍是「不確定的」。

美國生殖醫學會及歐洲生殖醫學會均建議「PGS過關的產婦仍應依照產檢準則接受唐氏症篩檢」，至於你問我這樣結果不一致的比例高不高，根據統計，胚胎切片與胎兒情況不同的比例高達百分之六點八至百分之十。因此，沒有人說高齡做了PGS過關就可以放心不會是唐氏症，這是一個非常嚴重的標準錯誤答案！

以上問題，都是網友陸陸續續寄來的詢問，趁這次一次完整地跟各位做說明。

該做哪種唐氏症篩檢？五方法教你判別

對我來說，要搞懂唐氏症篩檢很簡單，就很像選手機一樣。挑選手機有以下這些方法：

1 **看出廠年份**：十年以上的舊手機可能壞掉的風險就高↓年齡法。

2 **看各個角度的照片**：從中推敲出手機不正常的可能↓超音波軟指標法。

3 **查詢重量、電力、容量等間接資訊**：由這些間接資訊去了解一支手機，想當然是比較不準確的↓初唐、二唐。

4 **盜取手機公司碎紙機的機密資料，再拼湊起來分析**：這是一個很好的方法，但成本高昂，也還是有錯誤的可能↓NIPT。

5 **直接拆開來看**：這是一個最準確的方法，唯一的缺點就是有弄壞手機的可能，得小心↓羊膜穿刺。

如果你已經完全理解各種唐氏症篩檢方法，我相信你便能夠知道以上這段選手機的說明所代表的涵義。

本文參考資料：

① 2007 January ACOG Practice Bulletin.

② J Med Screen.Mar;23（1）：1-6.

③ Ultrasound ObstetGynecol 2015; 45：61.

④ Fertil Steril 2016; 105：49.

威廉醫生解析
七種唐氏症篩檢

第九題

照不照？詳解高層次超音波大哉問

最後這題就來跟大家聊聊婦產科醫師的眼睛「產科超音波」，也會簡單說明健保以及自費高層次的差異喔！

在文章一開始我得先聲明，任何關於正在訴訟中或可能付諸訴訟的案件，我不作任何評論！我既不是專家證人，也不是當事人，實在不適合做任何評論，也拜託不要問我：ㄟㄟㄟ，我兒子「那裡」好像比別人小很多，這是不是產檢疏失？

很多事情，我相信法律只是其中一種評估的方式而已。至於醫德、醫學倫理等問題，一個醫生應該為產婦做到多少程度的著想，又應該拿到多少報酬、做多少付出等問題，也不在今天的討論範圍。對這議題有興趣的，可以參考《孟子・滕文公下》對於為我、仁義、兼愛等等的評論。我也不知道我們醫生應該屬於哪家哪派，我國文很爛，從高中到今天都看不太懂孟子到底想講什麼，相信很多比我更了解、更適合這樣的議題的專家學者各有高論。請原諒我是不為也，也是不能也。

另外，也不要問我：如果今天是威廉氏後人本人或你小孩的話，會如何如何。我想像力很不好，我真的不知道，只純粹做「婦產科醫學」的探討。

觀察胎兒發展與細部構造，認識產檢超音波

先說結論，說到醫用超音波，可謂二十世紀產科最偉大的發明之一！早晚一定會得諾貝爾獎的！大概在你我還在肚子裡的時候，超音波才剛引進台灣，其實使用的歷史並不悠久。比起有人類以來的生產、接生、剖腹產等等的歷史相比，不過短短幾十年，但是！自從產科超音波的普遍使用那天起，產檢可以說是進入到了一個

全新的世紀。而在過去，產婦主要都是只靠「做夢」來評估胎兒狀況。

不是我亂講喔！古書都有記載，最有名的是三國時「孫堅夫人吳氏，孕而夢月入懷，已而生策。及權在孕，又夢日入懷」（晉・干寶《搜神記》）。不知道是在說誰的沒關係，站在梁朝偉旁邊長得很像張震那個就是了，如果有讀者懷孕期間夢到太陽飛進肚子的，先恭喜了，你小孩以後會做皇帝、還會活到七十幾歲喔！

回到正題，超音波神不神？神，非常之神，它神到甚至可以讓白海豚藉此轉彎。真的，不是開玩笑的，我純粹做生物學討論，所以不要來告我！超音波是一種聲波，當然也不是你對著肚子大叫再趕快湊上耳朵就能聽見的那種，它是一種獨特的波動，藉由回聲可以去評估穿透的、回彈的接觸面，需要有水做為介質，遇到軟的東西會穿透、硬的東西會反射，而探頭的接受器會用從白到黑的非常多種深淺顏色去區分，甚至還可以用回傳的影像做電腦重組，做出一個類似3D的畫面。

好啦，我知道你物理不好，甚至連「物理」兩個字合起來到底什麼意思都不知道，沒關係，這在產婦界很正常。你只要知道超音波影像中，水是黑色的、骨頭是白色的、其他是灰色的，很簡單吧！剩下的讓婦產科醫師來煩惱吧！

超音波非萬能，無法做到的三件事

超音波真的好棒棒，但我必須先說它的極限所在。先假設機器都是最新型，不會當機，超音波的醫師體力無限不用休息，在完全不考慮由人所引起的誤差情況下，超音波的極限仍然至少有三個。而這三個極限是無法克服的，所以才需要仰賴其它的產檢項目，或者更多時候是根本無法產前檢查。（不是說這家費用三千多、那家四千多就沒這些問題喔！關於這裡提到的四千多，目前市面上有好多家而且價碼都是公開的，所以請不要來告我！）

這三個極限分別是：

1 超音波只能檢查結構，不能做功能的評估。

2 有太多情況或細微的結構異常，是超音波無法看見的。

3 胎兒超音波的最佳檢查時機為妊娠二十一～二十三週，無法保證未來的發展情況。

器官功能正常與否，超音波不能評估

針對第一個極限「超音波只能檢查結構，不能做功能的評估」，每當我在照超音波量頭圍的時候，十個產婦總有一兩個會問我：「那他頭圍正常嗎？」

「正常，符合週數。」

「那他這樣看起來聰明嗎？」

「……」這時我會沉默三秒、假裝看仔細一點。

「應該跟你一樣聰明吧？但還是要生出來才知道喔！因為超音波只能做結構的評估沒有辦法做功能的評估。」

如果你還是不理解我在說什麼，我再舉另一個故事。有次我在幫某位產婦照高層次超音波，照到小男生的會陰部時，準媽媽就問：「這應該是男生對吧？」

「依法我不能說，你可以自己看，已經很清楚了。」

「是喔，醫師沒關係啦！我有做羊膜穿刺我知道，那……這個大小正常嗎？」

「呃，目前看起來是還好，不過這個週數的大小也未必就能反映未來啊！」

「那……這個可以看得出來他未來性能力好不好嗎？」

「……」這時我會沉默三秒、假裝看仔細一點。

「應該跟你先生差不多吧？」

然後……那個小姐就哭了。這位媽媽你好，我了解你愛子心切，但這應該也是你未來媳婦才需要煩惱的吧？

所以，舉凡所有關於「功能」的問題：包括智力、視力、聽力、腕力、性能力等等，超音波都沒辦法評估，聰明的威廉氏後人也不知道，麻煩不要再問你的產檢醫師囉！

即使超音波完全正常的小孩，也有可能是唐氏症、腦性麻痺、發展遲緩、不孝順、長的不像你、長的太像你等等無數可能發生的問題。如果超音波這麼厲害，這世界上所有的小兒科醫師全部都失業了。

較細微的結構異常，超音波檢測無法看見

第二個極限是「有太多情況或細微的結構異常，超音波無法看見」，根據美國

超音波醫學會（AIUM）的說法，胎兒高層次超音波檢查的準確性最高約可達百分之八十左右。也就是說，就算是高層次超音波，診斷率最高就百分之八十而已。我相信台灣的婦產科醫師不比美國醫師差，所以我們應該也是百分之八十的診斷率。

我常跟產婦講，今天小孩子躺在小兒科醫生面前，兒科醫生都不一定能夠百分之百診斷出所有的疾病，今天我隔著你的肚子，你的小孩又不會配合我擺姿勢，能夠有百分之八十的診斷率已經很厲害了，至少是跟美國、世界先進的國家水準差不多的。

另外，有太多因素會影響超音波的診斷，比如說胎兒趴著或側著、羊水太少、孕婦肚皮脂肪較厚、子宮前壁肌瘤等等。就算是目前最新型的超音波，解析度也只能看到大約零點一公分的大小，比這個更小的變異，真的也看不到了。

再者，還有很多其他因素，例如小孩子在肚子裡面絕大多數時候是握拳的（出生之後也是喔）、胎兒的心臟循環跟新生兒的心臟循環不一樣、超音波對軟組織的診斷率較差（如手指骨正常，但中間有併指就看不出來了）、外觀巨觀為正常但實際上有問題（如新生兒會陰部外觀正常，但患有無肛症）等等，這些都是無法由超音波診斷的。

所以，儘管我們照得再仔細，還是有一定比例的結構異常無法在產前做出診斷。所幸，結構的異常往往可以用結構的方法來矯正，許多異常大部分也能夠由小兒外科醫師以手術的方式來處理。至於多大的異常叫異常，多小的異常是可接受的，誰也不知道這道界限在哪裡？誰也無法幫你決定。

所以，也請不要再問你的產檢醫師「如果這個先天性心臟病的是你的小孩，你要生嗎？」這種問題了。婦產科醫師的小孩實在很倒楣，什麼病都要被假設一次，就像那些主張廢死的家人都要一再被姦殺一樣，那只是每個人的立場、想法、理念的不同而已，實在不需要用這樣的方式做討論。饒了我們吧！你應該去問你先生、你爸媽、你公婆、或你自己比較適合喔！

高層次超音波只能看到當下，無法保證永遠

第三個極限「胎兒超音波的最佳檢查時機為妊娠二十一～二十三週，無法保證未來的發展情況」。是這樣的，隨著週數越來越大，子宮裡的空間越來越有限，胎

兒的身體會蜷曲、互相遮蔽（手遮住腳，腳遮住手等等）。而且週數大的骨頭已經鈣化，如頭骨會遮住腦部結構的檢查、背部或胸廓的骨頭會遮住心臟的檢查，胎兒也比較不會全面翻滾，想完成一個良好的高層次超音波檢查是做不到的。

所以，萬惡的健保（在我心裡也是萬善的健保）只給付一次的超音波，就是在妊娠二十一～二十三週提供一次免費的健保產檢超音波做胎兒評估。但是，很多事情是會隨著時間改變的，像是你先生今天跟你第一眼見到的時候是一樣的嗎？是不是更不修邊幅、更邋遢、更敷衍呢？如果不是，一定是你們才剛認識不久而已；不然就是你先生從一開始就不修邊幅、又邋遢、又敷衍，也是有可能。

你肚子裡的孩子也是一樣，二十四週前的超音波，是否能保證四十週出生時的狀況呢？胎兒是一直持續發育的。有許多的疾病病徵在二十六週，甚至出生之後才顯現，詳情可以參閱你的高層次超音波同意書。對於這樣的情況，婦產科醫生真的沒辦法預知未來，你可能會說：可是我後來每次產檢都還有照超音波啊，怎麼會沒辦法，不是一直在追蹤？

你說的沒錯，許多的醫師確實會在每次或每幾次產檢就安排一次超音波，但這個週數的超音波檢查目的，已經變為評估胎兒生長情形、胎位、羊水量等等，已經無法像二十幾週時那樣，全身上下從頭到腳做檢查了。就算你先生家裡真的很有錢，十次產檢都要做高層次（其實也沒多少，三、四萬而已），但我相信全台灣沒有婦產科醫師會這樣做，因為真的已經沒有辦法做了。

原因不是我們不想賺這個錢，但是，就如同我上面提到的，隨著週數越來越大，胎兒姿勢、骨化程度、羊水量、子宮空間等因素，已經無法完成一個好的高層次超音波檢查，比較能夠做到的就是一般生長評估而已，也就是常見的頭圍、腹圍、腿長、羊水、胎位、胎盤，這樣而已。

另外，還有一個很現實的問題，就是二十四週以後已經超過優生保健法的終止妊娠規範了。特殊情形的大週數中止妊娠的醫學與法律問題，這裡暫不討論喔！如果你真的很不幸遇到這樣的情況，比如說三十四週才發現唐氏症之類的，要找諮詢的對象，再聯絡我吧！

所以，二十幾週完全正常的高層次超音波，並不能保證出生時是完全結構正常的胎兒，這是做不到的。當然啦，應該也沒有人在二十三週看到完全正常時，為了避免在中間有其他異常出現，然後就要求當天晚上剖腹產以確保胎兒正常，那也只是會出現更多問題而已。

健保超音波和高層次超音波有何不同？

所以，看到這裡，是不是覺得超音波很爛啊？什麼都不能保證、什麼都做不到、一堆限制。確實，超音波有它的極限，而且很多，但我還是建議大家要做，你不做高層次也還有健保給付的一次胎兒掃描。如果你跟你先生真的都很窮，只打算花一千元產檢，那就靠政府補助做初唐和健保超音波吧（限小於三十四歲者）！

如果你很窮又大於三十四歲，產檢只能出一千元的，好吧！那你來找我抽羊水加做健保超音波吧，靠政府補助之外的差額，我再想辦法幫你。如果你跟先生很窮，但還可以花五千元產檢，那就做初唐和高層次吧（限小於三十四歲）！

為什麼這麼說呢？健保的超音波跟高層次差在哪裡？其實健保署沒有明文規定產科超音波到底要做到什麼程度，只有高層次超音波才有國際規定的完成表（checklist）。以台灣某大學附設醫院的婦產科超音波室公開說明為例，基本的胎兒超音波檢查的「必要」項目如下：

1 胎兒大小（含頭圍、腹圍、腿長）及預估體重。

2 羊水量。

3胎盤位置（有無前置胎盤）。

4胎位。

沒有了，對！沒有了！

只要完成這幾項，基本上健保給付的超音波項目就完成了，如果是要照高層次，則要檢查將近五十個以上的畫面，包含脊椎、頸椎、胸椎、腰椎、薦椎、尾椎、顱骨形狀、小腦、大腦、側腦室、脈絡叢、透明中膈、後頸皮膚厚度、眼距、上顎骨、上唇、兩耳、臉部側面輪廓、肺臟、心臟、心室出口、肺動脈分支、主動脈弓、胃、腸、肝、膽、腎臟、膀胱、橫膈膜、前腹壁、臍動脈數目、四肢、上臂、前臂、手掌、大腿、小腿、腳掌、外生殖器、胎盤位置、羊水量、子宮頸長度、彩色都卜勒超音波檢查臍動脈及子宮動脈血流等等（每家項目大同小異，可參考國際婦產科超音波大會ISUOG準則）。

另外，那家台灣某大學附設醫院的婦產科超音波室公開說明下方還有說到，若掃描條件允許，「可以」掃描項目如下：

1側腦室。

2心臟四腔室面。

3 有無胃、腎、膀胱。
4 臍動脈數目。
5 脊椎。
6 有無大小腿或手掌（手指、腳趾不在掃描範圍）。
7 性器官（國健署規定不得透露胎兒性別）。

在這裡用的字叫做「可以」，也就是說這些都可以檢查，但不是「必要」喔！

最完整全面的掃描：高層次超音波

也就是說，其實產科超音波從最簡單到最完整有一個很大很大的範圍，你的產檢醫師要幫你做到什麼程度，這完全自由心證。當然有必要項目：頭圍、腹圍、腿長、胎盤、羊水、胎位，但也有「可以」完成、也可以不完成的項目。絕大部分的產檢醫師都很善良（也很怕被告），所以就算你選用了健保超音波，他們也會盡其所能的幫你檢查。

這就是或許你會聽到你的產檢醫師跟你說「高層次不一定要做」，因為如果產檢醫師的健保超音波掃描已經很完整了，確實不用再花一次錢來做。但是，多完整叫做完整呢？完全憑每個醫師心中的標準而定，有的醫師覺得手看到手指、腳看到腳掌就好，有的醫師覺得手看到手掌、腳看到腳跟就好，畢竟在必要項目中其實沒有規定一定要檢查手腳的部分。

所以，高層次超音波提供了一個最完整的項目掃描，雖然曠日廢時（平均要三十至五十分鐘），還要自費幾千塊，但高層次超音波有國際規定的掃描項目，敢開高層次給你的醫師，有他必須要完成的檢查，這就不是自由心證了。

或許你的醫師會說高層次騙錢啦，只多照了腳趾跟耳朵就收三四千（表示除了腳趾跟耳朵，他都幫你掃描了）；或許你的醫師會說最好還是照一下高層次比較清楚（表示他覺得健保產檢超音波項目不夠完整）。這都有可能，我們不應該強迫醫生用健保的價格，約台幣六百元，便無條件幫你完成高層次的項目。

我相信也沒有任何一家高層次的檢查，膽敢只照頭圍、腹圍、腿長、胎盤、羊水、胎位，如果有一定要告訴我，我要去那邊打工。大部分的婦產科醫師人都很好，或者說人都太好了，總是希望不要花你的錢，多幫你看詳細一點。

這造就了我們台灣特有的「健保給付之高層次超音波」，但這其實是不對的，陽春麵的錢就應該給你陽春麵，牛肉麵的錢就應該給你牛肉麵，不能每次點陽春麵，都要老闆免費送你升級為牛肉麵啊！如果沒送好像就是沒「麵店老闆德」，或者說隔壁麵店老闆都有等等，不是說麵店老闆應該把每個顧客都當自己親人嗎？怎麼不幫我免費升級？應該要視顧客猶親才對吧？還是我點陽春麵卻沒給我牛肉，我就告老闆？這些都是不合理的。在我的認知裡，醫療業確實很類似服務業，但又不完全是服務業。

一定要做高層次超音波嗎？不妨這樣評估

話又說回來了，聰明的你一定會說那健保為什麼不全面給付高層次超音波？既然那麼好、那麼完整，而且也才幾千塊？問得太好了，一般的超音波我們叫做第一級（LEVEL I），高層次超音波我們叫做第二級（LEVEL II）。

本來，高層次超音波是保留給那些一般超音波篩檢出異常的人，讓他們再做進一步檢查。畢竟大部分「巨觀」的胎兒異常，在一般產檢超音波就能看出來，比如說無顱症、腹壁裂等等。然而，高層次超音波比一般超音波多篩檢出來那些較「細微」的結構異常疾病，是否應該在產檢被篩檢出來呢？

聰明的威廉氏後人也不知道答案，例如說耳殼應該照嗎？沒耳殼會怎樣嗎？嘴唇應該照嗎？兔唇難道不能修補嗎？或者腳趾應該照嗎？腳趾多一隻會不能走路嗎？諸如此類。你會說可是像先天性心臟病，如果沒照高層次就看不出來啊，沒錯！但先天性心臟病大部分都可以藉由心臟外科手術矯正，這就是為什麼世界上沒有全面使用高層次超音波做篩檢的道理，也是為什麼健保局不願意給付高層次的原因，因為本來就不是每個人都一定必須檢查到那麼清楚。

確實不用每個人都吃牛肉麵啊！吃陽春麵就可以保證大家不會餓死啦，這就是健保產檢的概念，所有產婦都有「最基本」的保障。但你也可以自費做「最完整」的產檢，在這超級大的光譜中，你想要站在哪裡，產檢醫師不能幫你決定，你得自己考慮。你我很多都是在沒有超音波時代出生的，好吧！你比較年輕，那你父母總是在沒有超音波的時代出生的了吧？不是也好端端在這裡看著我的書嗎？

再重申一次結論（正經），根據美國超音波醫學會（American Institute of

Ultrasound in Medicine, AIUM），胎兒高層次超音波檢查準確性最高約可達百分之八十。只能做結構的檢查、不能做功能的評估，而且胎兒是持續在生長、變化的，二十幾週的高層次超音波，並不能保證出生時是完全結構正常的胎兒。

健保的超音波確實已經提供了你必要的檢查項目，但如果你仍有擔憂且經費許可，高層次超音波確實是一個比較完整的選擇。

威廉醫生解析
產檢必知項目

下課十分鐘・威廉醫生說故事3

地表最薄子宮：零點二公分的掙扎

這次要談的是由我接生的一個案例，這位患者大概是我創建粉專以來，命運坎坷度堪稱數一數二的了。今天的主角叫做「阿莉」（化名），是一個四十歲高齡產婦，與我之間的緣分是從批踢踢開始的。

當時，有位患者每個週期都寫信來問我內膜狀況：「威廉醫生你好，我在連續三個準備植入的週期中，內膜都只有五或四毫米，最多也只有六毫米，請問我還有救嗎？」

曾患子宮破裂，再次懷孕藏致命風險

「嗯，如果不論自然週期、荷爾蒙週期內膜都墊不起來的時候，要做子宮鏡檢查看看究竟子宮腔內發生了什麼事。」威廉氏後人說。

「我子宮開過刀，有關係嗎？」

「什麼樣的手術？」

「三十五歲那一年，因為卵巢腫瘤和子宮肌瘤，做過腹腔鏡手術。三十八歲那一年，自然懷孕，三十四週子宮破裂、內出血、休克、小孩就沒有了，那時候，肚子沒有很痛，只覺得頭越來越暈，送到醫院的時候，醫生發現滿肚子都是內出血……」阿莉說。

「老實說，子宮破裂過的患者，我是真心覺得不要再懷孕了，雖然當時子宮保留了下來，但也已經受到了嚴重的傷害，再次懷孕實在太危險。」威廉氏後人表示。「如果再懷孕，會有再次破裂的風險，也可能發生植入性胎盤等等。這些，都是有可能致命的。」

「對啊！之前的醫生也都這樣跟我說，小命撿回來就好，不要再拚了。」阿莉說。「不過我還是想再試試看。」看著這樣一個樂天知命的患者，威廉氏後人嘆了一口氣說：「好吧，如果你還要再拚的話，第一，內膜部分可以依照我的建議，使用阿斯匹靈、精胺酸、維他命 E、威而鋼等等方法。第二，懷孕後一定要接受高層次超音波檢查，確定沒有植入性胎盤。第三，懷孕到三十四週就可能要考慮提早剖腹。最後，如果有任何風吹草動，必須馬上衝去醫院，就算是一百次假警報也沒關係。」（可參閱本書 Part 2 第五課「子宮內膜太薄怎麼辦？多管齊下增厚有方」。）

「每一次的生產，其實都是跟天賭一次命。」威廉氏後人說。「如果真的都沒有成功懷孕，我想，也算是幸運吧，至少不用再去闖一次生死關頭。」時光飛逝、歲月如梭，就這樣又過了四個多月。

懷孕之後，才是重重考驗的開始

「醫生醫生，我懷孕了！可是我的指數很怪，是不是要流產了？你看這樣是不是不太對？」我看了阿莉的 β-hCG 指數之後說：「如果真的沒有順利翻倍，要小心子宮外孕，畢竟你內膜不好，有可能著床在輸卵管了。」

後來沒隔幾天，阿莉就直接衝來我門診。終於看到一個超級小的胚囊，而且是在子宮裡面的。終於！至少不是外孕，總算過了第一關。在繼續追蹤的過程中，持續性的阿斯匹靈跟黃體素的保護下，終於看到了胎兒的心跳。可喜可賀，可喜可賀！但這天大的好消息，終究只是開始而已，還有無數的難關，接踵而來。

「醫生醫生，我初唐風險是八分之一，怎麼辦？」

「嗯，四十歲的話，確實是非常危險。」

「那我現在還可以做 NIPT 嗎？」

「四十歲、初唐風險八分之一，直接羊穿吧。就算 NIPT 結果正常，也還是無法令人放心的，抽羊水吧！」威廉氏後人不斷耳提面命。所幸後來羊穿結果正常：46XY，染色體正常，正常男寶一枚，好險啊！

你以為故事這樣就結束了嗎？接著，在高層次超音波檢查的時候，發現患者的子宮壁和胎盤連接的地方，最薄之處只剩下零點二公分。「阿莉，我建議你接受核磁共振檢查，看一下胎盤侵犯深度多少，你的子宮壁幾乎所剩無幾了，隨時有破裂的可能。」但她說：「可是我才二十二週……。」

歷經一番波折，所幸最後喜劇收場

後來，滿二十四週時，我幫阿莉安排接受肺部成熟針（類固醇）的注射，我說：「看你要住院住到生產，還是回家好好躺著，不過，只要有一點風吹草動就要來醫院。」後來，因為植入性胎盤的情形越來越嚴重，阿莉被轉診給我的恩師——專門處理胎盤植入的名醫 S 教授。

阿莉也乖乖在家裡躺著，就這樣努力撐到了三十二週。二〇一八年四月某日，正好回母校進修的我，於T大醫院刷了手、穿上手術袍，跟我的恩師S教授一起完成了這台在各種層面都意義非凡的剖腹產，一個接近一千六百克的小男嬰終於平安出生。

雖然，媽媽的子宮最後還是破裂了，所幸小孩已經出生。而破裂的子宮經過反覆修補，最終能夠被保留下來，我隔著麻醉科的無菌綠單跟阿莉說：「子宮給你保留了，但這胎生完，拜託你不要再生了，算我求你了。」阿莉也回答：「不敢了，不敢了，我真的不敢了。」

四十歲超高齡產婦，前胎三十四週子宮破裂、胎死腹中，從來沒超過六毫米的內膜、八分之一的初唐風險、零點二公分的子宮壁、被嚴重侵襲的植入性胎盤。每一步、每一步都是在走鋼索，沒有掉下去，真的只能說是天意要給你一個孩子。

每一次的生產，都是跟天賭一次命。只是這一次，贏了！

下課十分鐘・威廉醫生說故事4

當肚子裡被塞進八公斤之後

一直以來，找我產檢的雙胞胎非常多，大概占了產檢孕婦的三成。有些是我做的，有些是其他醫師做的，這都沒關係，成功比較重要。雙胞胎的發生率大約在百分之三左右，目前世界上大多數都是異卵雙胞胎，而這些異卵雙胞胎也多和人工協助生殖的進步有關。今天不討論療程的部分，暫時先聚焦在雙胞胎生產這件事。

故事主角小瑜，懷的是雙胞胎，兩個胎位產檢時為一正一反。不過，生產卻變成兩個都臀位，三十五週又五天時進行剖腹產。姊姊兩千七百多克，臀位出生；弟弟兩千一百五十克左右，臀位出生，龍鳳雙寶健康狀況良好，剛好在兒童節出生。

雙胞胎孕媽咪幾週分娩才理想？

想想看，總重量約一千三百克的胎盤、大約一千六百毫升的羊水，再加上兩個小孩，總重將近八公斤，就這樣塞在一個一百六十公分的台灣女生肚子裡。到了懷孕後期，腳變得比臉還腫，走兩步路便氣喘吁吁，吃兩口就飽、吃三口就吐的日子，平躺不能呼吸、側躺腰痠背痛，這樣的痛苦大概只有雙寶媽才能明白。

子宮裝到像小瑜這樣的程度，真的已經是極限了。我很難想像，再養下去，孕婦會變成什麼樣子。想像一下肚子裡裝一個八公斤的水球，運用球體積公式計算，相當於直徑二十五公分的球塞在裡面，那是非常難受的。

常有人問我，雙胞胎應該什麼時候生？該怎麼生？一直以來這都是一個很困難的議題。醫學上，滿三十七週叫做足月，超過一半的雙胞胎會發生早產。統計上看來，多胞胎每多一胞，平均的出生週數會少三至四週。舉例說明，單胞胎平均出生週數為三十九週，雙胞胎平均是三十五至三十六週，三胞胎平均在三十二至三十三週，四胞胎平均則是二十八至二十九週。

這是無可避免的，因為人的子宮就那麼大，肚子就那麼大，再裝也不可能了。當然啦，教科書上總是告訴我們，對於異卵雙胞胎，會把目標放在三十七週零天至三十七週六天生產；如果是同卵而且共用胎盤的，建議是三十四週零天至三十七週六天生產。假如小孩有體重過輕的情形，通常指預估體重小了四週以上，表示胎盤對小孩來說已經無法供應足夠營養，那就更要提早生產才行。

絕對不是像你的婆婆媽媽講的那樣，小孩還太小，所以在肚子裡越久越好。所以，異卵雙胞胎的生產目標訂在三十七週，但那終歸是目標，現實中總還是只能盡力而為。

自然產vs剖腹產，怎麼做才好？

至於生產方式，常常有人問說，雙胞胎能不能自然生？我說：當然可以。歷史上最有名的雙胞胎，莫過於唐太宗李世民跟雙胞胎弟弟李元霸，相比於唐太宗後來的文治武功，弟弟李元霸在很年輕時就去世了。古人的觀念認為「雙生為煞」，通常第二個的下場常常是夭折。以前的我唸到這一段的時候，一直不了解是為什麼。自從接受婦產科訓練之後，我終於明白了。

第二個雙胞胎在醫學上的名詞很白話，就叫 second twin，生產也向來是個難題，幾千年來都是。為什麼第二個雙胞胎的生產會有這麼多狀況和危險？是因為通常第一個胎位正的雙胞胎出生之後，子宮體積會快速變小，引起劇烈的收縮，就像單胞胎剛生產完那樣，但是這時第二個還沒出來啊！問題也就來了。

當子宮快速縮小時，對第二個雙胞胎來說空間瞬間變得空曠，在迅速縮小的變化後，他是否還能維持正確的胎位，就很難說了。如果他很幸運能維持正確的胎位，就會變成產婦的第二次自然產，通常就會很順利。

但如果不幸地，手先掉下來、腳先掉下來，或者更嚴重的，臍帶先掉下來，就會變成非常危險的狀況。還有另一個可怕的狀況，是對於週數相對較小的雙胞胎，人在週數越小時，頭部相對於身體的比例會越大。如果是在這樣的週數，第一個雙胞胎產出之後隨著子宮、子宮頸的快速縮小，有可能會把第二個雙胞胎的脖子緊緊夾住，可能有「身過，頭不過」或者「頭過，身不過」的狀況，後果真是不堪設想。也因此，第二個雙胞胎的生產往往是比較危險的。

當然上述的內容是在古代，現代的醫學進步、剖腹產的風險大為降低的情況下，是否還是如此呢？新英格蘭醫學期刊曾經發表一篇雙胞胎生產研究，比較了一千三百九十八對雙胞胎，一半的人直接按照計畫剖腹；另一半的人先計畫自然產，但苗頭不對就轉剖腹。後來發現兩組的結果差不多，無論是新生兒死亡的比例，或嚴重的新生兒併發症都差不多。但是，計畫自然產這組最終走向剖腹的比例，也高達百分之四十五。

雙胞胎選擇自然產，你應注意的前提條件

也就是說，有將近一半計畫自然產的雙胞胎孕婦，最後還是因為種種因素變成了緊急剖腹產。原因就如我剛剛所描述的，會發生胎位的變化、臍帶脫垂、胎兒窘

迫等等。所以，如果你問我雙胞胎可不可以自然生，當然是可以。條件好的，或可一試，不過，遇到任何風吹草動或者一點苗頭不對，有一半的人還是會走向剖腹產，變成自然產生一個、再挨一刀剖腹產生第二個的「超級全餐」。

至於什麼叫條件好，最好是有生過的經產婦、兩個胎位都正、產婦身高較高、體力好、骨盆肌肉強健、孕婦年紀輕、小孩不要太大也不能太小，這樣的雙胞胎產婦確實可以嘗試自然生產。在自然產的過程中，會透過全程超音波檢查並且需要另一位專業醫師扶住第二個雙胞胎的胎位，不可發生胎位轉換或其他變化，也不能有臍帶脫垂，在種種條件都允許下，才能再做第二個雙胞胎的自然生產。

反過來說也是一樣，如果你條件很不好：從來沒生過、第一胎胎位有一個或兩個都不正、長得也不高、沒什麼體力、每天坐辦公室也沒在運動、高齡、小孩不是太大就是太小。對於這樣的你，我通常覺得還是選個日子，平平安安來剖腹吧！尤其我手上那些千辛萬苦才得到這一胎的人，我總認為母子均安比什麼都重要。

一個孕婦懷著雙胞胎生產，會有幾種結果呢？如果用數學計算的話，一共有八種：OOO、OOX、OXO、XOO、OXX、XOX、XXO、XXX。但現實中，其實只有「母子全部均安」、「母子未全部均安」，兩種而已。

本文參考資料：

① 婦產科教科書、UpToDate 資料庫

② A Randomized Trial of Planned Cesarean or Vaginal Delivery for Twin Pregnancy, N Engl J Med 2013; 369:1295-1305

誰說我生不出來！一百三十三公分的逆襲

以下要分享的，是一位二十四歲、身材非常嬌小的姑娘，她身高一百三十三公分，體重五十五公斤。

小繪是透過網路和我連絡上的，「李醫師，你接生過最矮的孕婦是多少公分？」「一百五十公分左右吧，怎麼了？」

「我只有一百三十幾公分，有機會嗎？」

「一般來說，一百四十公分以下的孕婦，通常會建議直接剖腹。」

「可是我家只剩我先生一個人，平常都在工作，我怕開刀之後沒有人可以照顧，能不能試試看自然產？」

「如果要嘗試看看的話，當然是可以，但如果我覺得有任何苗頭不對，可能還是要轉開刀喔！」

「是喔！我問了好多醫生，幾乎沒有人看好我。」

「好吧，我們盡量讓小孩滿兩千五百克，就催生吧，大概以此為目標。」

後來，小繪按照我的建議，多魚多菜少澱粉，不讓體重過度成長，懷孕前到懷孕後一共重了十公斤。然後，在三十六週又三天，小繪便自己陣痛起來了，深夜十一點住院，隔天中午就順利生產。女嬰出生時體重一千九百八十五克，媽媽有著淺二度裂傷的情形。

小繪是我目前為止接生過最矮的孕婦，沒有之一。我常想，當醫療過度強勢時，我們常常忘記了，生命還是有自己找到出口的能力。對於「孕婦身高」這個問題，你是否也曾經被醫生說「你胖太多了啦，你身高不高這樣到時候很難生」或者「小孩三千五百克太大隻了啦，你又不是像我有一百九十公分高」，你是否也有類似的經驗，被嫌矮、被嫌胖，被嫌又矮又胖？

事實上，瑞典曾經做過一個針對五十八萬名產婦的五年普查性研究，只以「身高」分析。當然，北歐人比我們亞洲人高，所以這篇研究只統計到「一百四十公分」。可能他們那邊成年女性很少有比一百四十公分更矮小的了。其中，一百四十公分～一百四十三公分的女性占這篇研究中的萬分之三，這些矮小女生剖腹產率是百分之五十至百分之六十四左右。隨著身高的上升不同，剖腹產率也不同。以下數據提供給各位媽媽參考[①]：

產婦身高	剖腹產率
140 公分	65%
145 公分	39%
150 公分	28%
155 公分	22%
160 公分	18.6%
165 公分	15.5%
170 公分	13.9%
175 公分	12.9%

由此可見，身高跟剖腹產率呈現一個很明顯的反比關係。身高越高的女生，能夠自然生的比例就越高。因此，每次你的婦產科醫生對著你說你又矮又胖的時候，

心裡完全是為了你好。在現實生活中，我最不在意的，就是女生的身高了，因為在我眼中，幾乎所有的女人都差不多高。

每次有人在跟我爭辯她其實有多高的時候，我總是不能理解一百五十八公分跟一百六十三公分到底有什麼差別，對我來說，我們婦產科醫生擔心的是，你骨盆的大小有限，如果還維持著過去那種「比誰生的比較大」的觀念，勢必要付出相對應的代價，如嚴重的裂傷、未來可能漏尿、子宮脫垂等等傷害。

因此，除非你有一百七十公分以上，不然還是應該盡量控制自己的飲食，以免小孩太大隻，導致身體在生產中或生產後會面對更多的傷害。

---

① Maternal height and risk of caesarean section in singleton births in Sweden-A population-based study using data from the Swedish Pregnancy Register 2011 to 2016. PLoS One. 2018 May 29;13(5):

國家圖書館出版品預行編目資料

威廉氏後人的好孕課：從備孕到順產，地表最懂你的婦產科名醫李毅評的 14 堂課 / 李毅評著 . -- 臺北市：三采文化，2020.12
240 面；14.8x21 公分 . --（三采健康館；149）
ISBN 978-957-658-449-7（平裝）

1. 懷孕 2. 妊娠 3. 分娩 4. 產前照護

429.12　　109016407

◎封面圖片提供：
Inspiring / Shutterstock.com

有鑑於個人健康情形因年齡、性別、病史和特殊情況而異，建議您，若有任何不適，仍應諮詢專業醫師之診斷與治療建議為宜。

suncolor 三采文化集團

三采健康館 149

威廉氏後人的好孕課

從備孕到順產，地表最懂你的婦產科名醫李毅評的 14 堂課

作者｜李毅評（威廉氏後人）
副總編輯｜鄭微宣　責任編輯｜陳雅玲　文字整理｜鄭碧君
美術主編｜藍秀婷　封面設計｜池婉珊　版型設計｜池婉珊
內頁排版｜theBand・變設計— Ada　插畫｜亮晶晶、彭琇雯（p.26&32）
攝影｜林子茗

發行人｜張輝明　總編輯｜曾雅青　發行所｜三采文化股份有限公司
地址｜台北市內湖區瑞光路 513 巷 33 號 8 樓
傳訊｜TEL:8797-1234　FAX:8797-1688　網址｜www.suncolor.com.tw
郵政劃撥｜帳號：14319060　戶名：三采文化股份有限公司
本版發行｜2020 年 12 月 2 日　定價｜NT$380